EUL VERLAG

Reihe: Marketing und Medien · Band 5
Herausgegeben von Prof. Dr. Thorsten Hennig-Thurau, Münster

Dr. Anne Berit Knaevelsrud

Bindungs- und Bewältigungsreaktionen von Konsumenten nach dem Ende von Markenbeziehungen

Eine Studie am Beispiel von High-Involvementgütern

Mit einem Geleitwort von Prof. Dr. Thorsten Hennig-Thurau,
Westfälische Wilhelms-Universität, Münster

EUL VERLAG

Bibliografische Information der Deutschen Nationalbibliothek

Die Deutsche Nationalbibliothek verzeichnet diese Publikation in der Deutschen Nationalbibliografie; detaillierte bibliografische Daten sind im Internet über <http://dnb.d-nb.de> abrufbar.

Dissertation, Bauhaus-Universität Weimar, Fakultät Medien, 2012

Erstgutachter: Prof. Dr. Thorsten Hennig-Thurau
Zweitgutachter: Prof. Dr. Gaby Odekerken-Schröder

Tag der Disputation: 26. November 2012

ISBN 978-3-8441-0214-7
1. Auflage Dezember 2012

JOSEF EUL VERLAG GmbH
Brandsberg 6
D-53797 Lohmar
Tel.: +49 (0) 22 05 / 90 10 6-6
Fax: +49 (0) 22 05 / 90 10 6-88
http://www.eul-verlag.de
info@eul-verlag.de

Bei der Herstellung unserer Bücher möchten wir die Umwelt schonen. Dieses Buch ist daher auf säurefreiem, 100% chlorfrei gebleichtem, alterungsbeständigem Papier nach DIN 6738 gedruckt.

Für Frederik, den kleinen Forscher

Geleitwort

Metaphern sind weitverbreitet im Marketing. So werden in der Relationship Marketing-Forschung Beziehungen zwischen Kunden und Unternehmen (bzw. deren Marken) häufig mit sozialen Institutionen wie der Ehe verglichen. Während in der sozialpsychologischen Beziehungsforschung das Beziehungsende sowie die Zeit nach dem Ende von Beziehungen umfangreich erforscht ist, finden sich innerhalb des Relationship Marketing kaum Forschungsarbeiten zu Konsumentenreaktionen nach dem Ende von Markenbeziehungen. Ein besseres Verständnis der Gründe und Prozesse des Beziehungsendes ist von großem ökonomischem Interesse für Markenanbieter, da die Beziehung zu ihren Kunden einen zentralen Teil des Unternehmenswertes darstellt.

Die vorliegende Arbeit, die als Dissertation von der Fakultät Medien der Bauhaus-Universität Weimar angenommen wurde, behandelt ein ambitioniertes und innovatives Forschungsvorhaben. Frau Knaevelsrud, ausgebildete Psychologin, nimmt die sozialpsychologische Beziehungsforschung zur Grundlage für eine vertiefte Analyse von Markenbeziehungen und konzentriert sich dabei auf Konsumentenreaktionen nach dem Ende von Markenbeziehungen. Mittels einer explorativen Studie kann Frau Knaevelsrud interessante und neuartige Einsichten in die Reaktionen von Konsumenten auf die Trennung von einer Marke gewinnen. Dabei ist insbesondere das Konzept des Coping hervorzuheben, welches innerhalb des Marketing vergleichsweise wenig untersucht wurde. Konsumenten zeigen nach dem Ende der Markenbeziehung unterschiedliche Bewältigungsstrategien, die trotz hoher Markenbindung und -zuneigung dazu führen können, dass Konsumenten die Marke nach dem Ende der Beziehung schädigen.

In ihrer Arbeit nutzt Frau Knaevelsrud eine anspruchsvolle Kombination aus qualitativen und quantitativen Methoden und leitet aus ihrer Studie ein beeindruckendes Modell der Post-Trennungsphase bei Markenbeziehungen ab. Unter Bezug auf sozialpsychologische Erkenntnisse ermöglicht dieses Modell tiefe Einsichten in die Kognitionen, Emotionen und das Verhalten von Konsumenten nach der Trennung von einer Marke. Besonders instruktiv sind die eingearbeiteten ausführlichen Zitate aus den qualitativen Interviews, die die geschilderten Ergebnisse bestätigen und für den Leser nachvollziehbar machen.

Mit der von ihr postulierten Phase der Post-Trennung, dem Modell dieser Phase sowie der inhaltlichen Füllung des Modells um reichhaltige Einsichten leistet Frau Knaevelsruds Arbeit einen wichtigen Beitrag sowohl für das erfolgreiche Markenmanagement und Kundenbeziehungsmanagement als auch die theoretische Fundierung des Relationship Marketing. Ich wünsche ihr die verdiente große Verbreitung in Wissenschaft und Praxis.

Münster und London, Dezember 2012 Prof. Dr. Thorsten Hennig-Thurau

Vorwort

An dieser Stelle möchte ich mich bei allen Menschen bedanken, die mich während der Entstehung dieser Arbeit begleitet haben.

Besonders herzlich möchte ich mich bei meinem Doktorvater Professor Dr. Torsten Hennig-Thurau bedanken: für seine Offenheit, die stete freundschaftliche unterstützende fachliche Hilfe und seine außerordentliche Bereitschaft für konstruktive und kreative Diskussionen. Er stand mir mit seiner Erfahrung, seinen wertvollen Ratschlägen und kritischen Bemerkungen jederzeit zur Seite.

Ein besonderer Dank gilt ebenfalls meiner Zweitgutachterin, Professor Dr. Gaby Odekerken der Universität Maastricht für ihre konstruktiven und bestärkenden Diskussionen, die freundschaftliche Unterstützung und ihre offene Aufnahme an der Universität Maastricht während und nach der Durchführung der empirischen Studie. Durch ihr außergewöhnliches Engagement und die Bereitstellung universitärer Ressourcen war es mir möglich, die vorliegende Studie so erfolgreich durchzuführen.

Von Herzen bedanken möchte ich mich auch bei den vielen Interviewpartnern, die mir durch ihre Offenheit Einblick in ihre Wahrnehmung des Beziehungsendes gewährt haben – ohne sie wären all diese spannenden Erkenntnisse nicht zustande gekommen.

Ganz besonders danken möchte ich Torsten Heitjans, Prof. Dr. Christine Knaevelsrud, Dr. Katharina Schaefer und Kathrin Muellenbach für die stimulierenden Gespräche und das Korrekturlesen meiner Dissertation. Ebenfalls danken möchte ich den Mitdoktoranden der Universität Weimar und der Universität Maastricht. Diese Zeit bleibt eine sehr besondere Zeit – viele an- und aufregende Gespräche haben damals stattgefunden. Danke dafür!

Abschließend gilt mein tiefster und innigster Dank meinem Partner Torsten, unserem Sohn Frederik, meinen beiden Schwestern und meinen Eltern. Unendlich viel Dank für Eure unermüdliche Unterstützung, Liebe und bedingungslose Zuversicht. Danke, dass Ihr täglich mein Leben so reich macht!

Berlin, Dezember 2012 Anne Berit Knaevelsrud

Inhaltsverzeichnis

Abbildungsverzeichnis

Tabellenverzeichnis

Abkürzungsverzeichnis

Abb.	Abbildung
B2B	Business-to-business
bzw.	beziehungsweise
CatPCA	Kategoriale Hauptkomponentenanalyse
CA	Clusteranalyse
CLV	Customer lifetime value
CMLE	bedingte Maximum-Likelihood-Schätzer
d.h.	das heißt
ebd.	ebenda
ebf.	ebenfalls
ELR	Exakte Logistische Regression
Int.	Interviewer
i.S.	im Sinne
Kap.	Kapitel
Kd.	Kunde
PCA	Hauptkomponentenanalyse
QDA-Software	Qualitative Data Analysis-Software
Tab.	Tabelle
u.a.	unter anderem
VAF	erklärte Varianz (variance accounted for)
Z.	Zeile
z.B.	zum Beispiel

1 Einleitung

„I could not even imagine a life with Yves Rocher products. Now I realized that it does go without. Nobody can take me back to one of the stores ... it hurts being disappointed so deeply. I still think a lot of my YR creams and such. For some I still haven't found alternatives ... They are the ones I miss particularly." (Marion, 54, nachdem sie mehr als 20 Jahre Kunde bei Yves Rocher war. Aus: Hemetsberger, Kittinger-Rosanelli und Friedmann 2009, S. 435)

1.1 Die Bedeutung der Post-Trennungsphase

Das Konzept des Relationship Marketing gehört zu den wichtigsten Entwicklungen in der neueren Marketingliteratur (Bruhn 2008; Hennig-Thurau und Hansen 2000; Sheth und Parvatiyar 2000). Im Mittelpunkt steht dabei die Ausrichtung aller Unternehmens-aktivitäten auf die dauerhafte Bindung ausgewählter Konsumenten. Das Ziel ist es, profitablere Kundenbeziehungen durch eine langfristige Kundenbindung zu entwickeln, die zu mehr Umsatz, geringeren Kosten bei der Kundenneugewinnung und Kosteneinsparungen durch höhere Produkt- und Dienstleistungsvertrautheit führen. Der Ansatz des Relationship Marketing hat sich aus den Forschungs-bereichen des Industriegüter- und Dienstleistungsmarketing entwickelt, bei dem enge Interaktionen zwischen Kunde und Unternehmensvertreter stattfinden.

Erst in den letzten Jahren wurden die Grundgedanken des Relationship Marketing weiter gefasst und auf die Markenbeziehung zwischen Konsument und Marke angewendet (z.B. Aaker, Fournier und Brasel 2004; Bruhn, Hennig-Thurau und Hadwich 2004; Fournier 1998; McAlexander, Schouten und Koenig 2002). Vereinfacht wird darunter die Idee verstanden, dass beide – Marke und Konsument – aktive Beziehungspartner sind und miteinander in Interdependenz stehen (Fournier 1998). Die Marke wird dabei als belebter Beziehungspartner mit quasi-menschlichen Eigenschaften und einer eigenständigen Markenpersönlichkeit verstanden mit der Konsumenten interagieren können (Aaker, Fournier und Brasel 2004). Nach diesem Verständnis der Markenbeziehung zeigen Konsumenten der Marke gegenüber vergleichbare Reaktionen, wie sie in zwischenmenschlichen Beziehungen zu beobachten sind. Aggarwal (2004) schreibt in seiner Studie zu Beziehungsnormen in Markenbeziehungen, dass Konsumenten dabei beobachtet werden können, wie sie ihrem Auto einen Namen geben, mit ihrem Auto sprechen oder es mit Zuneigung streicheln. In dem Autoblog www.motor-talk.de sprechen Mitglieder von ihrem Auto als „mein Baby" oder „mein geliebtes Auto". Besonders bei Marken von High-Involvementgütern[1] wie beispielsweise Autos zeigen Konsumenten aufgrund der hohen Selbstwertrelevanz intensive emotionale Reaktionen. In seiner Forschungsarbeit berichtet Aggarwal (2004) von einem Werbefachmann, der sich das Logo von Apple auf seine Brust direkt neben sein Herz tätowieren ließ.

Die wissenschaftliche Forschung zeigt, dass wir emotionale Bindungen zu Marken aufbauen, die von einer Freundschaft, über ein leidenschaftliches Verhältnis, bis hin zur Besessenheit reichen können (z.B. Fournier 1998, Yim, Tse und Chan 2008). Konsumenten können dabei ein breites Spektrum an Gefühlen erleben, die von Verliebtheit und Zuneigung bis hin zu Wut, Ärger und dem Bedürfnis nach Vergeltung reichen können.

Seit den Anfängen des Relationship Marketing haben Autoren wie Berry, Levitt und Parasuraman empfohlen, wichtige Konsumentenbeziehungen mit einer Ehe zu vergleichen (Hunt und Morgan 1994). Entsprechend wurde in den Arbeiten des Relationship Marketing immer wieder die Ähnlichkeit zwischen Paarbeziehungen und Konsumentenbeziehungen herausgestellt (z.B. Dwyer, Schurr und Oh 1987; Fournier 1998). Auch bei der Einteilung der Phasen der Markenbeziehungen wurde auf die sozialpsychologische Forschung Bezug genommen (Fournier 1998). Während die Phase des Beziehungsaufbaus und besonders die Bindungsphase innerhalb des Relationship Marketing umfassend untersucht worden sind, gibt es kaum Arbeiten zur Phase des Beziehungsendes (Bogomolova 2010).

---

[1] Involvement kann als das Engagement bezeichnet werden, mit dem sich eine Person einer Aktivität oder einem Gegenstand zuwendet (vgl. Kroeber-Riel und Esch 2004). Aufgrund einer fehlenden angemessenen Übersetzung wird zumeist der englische Begriff in der deutschsprachigen Literatur verwendet.

Im Gegensatz dazu ist in der Sozialpsychologie das Ende von Beziehungen und dabei insbesondere die Zeit nach dem Ende der Beziehung von außerordentlicher Bedeutung, was die umfassende Vielzahl an Forschungsarbeiten zu diesem Thema belegt. In der Sozialpsychologie der Partnerschaft wird die Trennung zwischen zwei Partnern übereinstimmend als ein länger andauernder Prozess angesehen, der lange vor der juristischen Scheidung beginnt und auch nach der Trennung über einen längeren Zeitraum andauert (z.B. Bloom, Asher und White 1978; Clarke-Stewart und Brentano 2006; Rollie und Duck 2006). Nach der Trennung gilt es, das Ende der Partnerschaft zu bewältigen, die bestehende Bindung gegenüber dem Partner aufzulösen und eine neue, partnerunabhängige Identität aufzubauen (Clarke-Stewart und Brentano 2006). Während dieser Zeit zeigen Partner einander gegenüber häufig schädigende Verhaltensweisen, aber leiden auch selbst unter der Trennung und den mit der Trennung einhergehenden Veränderungen.

Während in der psychologischen Trennungsliteratur das Ende der Beziehung sowie die Zeit nach der Beziehung einen hohen Stellenwert einnimmt, fehlen bisher Erkenntnisse über Verhaltensweisen von Konsumenten nach dem Ende der Markenbeziehung. Einzelne Forschungsarbeiten zum Verlust von emotional bedeutsamen Produkten wie Geschenken oder Erbstücken legen nahe, dass Menschen nach dem Beziehungsende unter dem Verlust leiden (Wallendorf und Arnould 1988). Sie empfinden Trauer, die manchmal auch mit dem Gefühl einhergeht, einen Teil der eigenen Identität zu verlieren (Belk 1988; Price, Arnould und Curasi 2000).

Auch Zitate von Konsumenten in Internet-Foren lassen vermuten, dass sich die Bindung nach dem Ende der Beziehung nicht nur auf die oben genannten Geschenke oder Erbstücke beschränkt, sondern auf alle Produkte und Marken übertragen lässt, die für den Einzelnen von großer Bedeutung sind. Beispielsweise schreibt ein Konsument über die Verschrottung seines ersten Autos, dass er sich „tränenreich“ von seinem Auto verabschiedet hat und spricht von seinem „verstorbenen Auto“ (www.motor-talk.de). Dennoch gibt es bisher kaum Erkenntnisse über Konsumentenreaktionen nach dem Ende einer Kunden- oder Markenbeziehung (Coulter und Ligas 2000; Grewal et al. 2003; Pan und Zinkhan 2006).

Für Unternehmen ist es jedoch aus verschiedenen Gründen bedeutsam zu wissen, welche Rolle die Marke als Beziehungspartner spielt und welche Verhaltensweisen ehemalige Kunden nach dem Ende der Markenbeziehung zeigen. Im Rahmen ihrer Aktivitäten zum Kundenbeziehungsmanagement führen Unternehmen Kommunikationsmaßnahmen fort, ohne zu wissen, welchen Erfolg diese Maßnahmen für eine spätere Wiederkaufsbereitschaft haben. Eine Vielzahl an Unternehmen wissen, welche Ursachen zum Markenwechsel führen, aber es fehlen Kenntnisse, wie sich Kunden nach dem Ende der Markenbeziehung dem Unternehmen gegenüber verhalten. Die Studie von Wangenheim (2005) legt nahe, dass Kunden auch nach dem Beziehungsende negativ kommunizieren. In seiner Arbeit zeigt er die Bedeutung dieser Verhaltensweisen anhand der Veränderung des Kundenwertes. Ein Kunde, der nach dem Markenwechsel negativ über ein Unternehmen kommuniziert, kann im Nachhinein einen positiven Kundenwert in einen negativen Kundenwert verändern. Damit wird deutlich, dass Kunden auch im Nachhinein die Markenbeziehung schädigen können. Unklar bleibt jedoch, welche weiteren Verhaltensweisen ein Kunde nach dem Ende der Beziehung zeigt.

Für die Rückgewinnung von Konsumenten ist die Kenntnis der Verhaltensweisen ehemaliger Kunden von besonderem Interesse. Trotz intensiver Bemühungen von Unternehmen, die Loyalität der Konsumenten zu erhöhen, sind in vielen Branchen die Abwanderungsquoten hoch. Nach wie vor gibt es bei Konsumenten mehr Markenwechsler als markentreue Konsumenten (Esch, Wicke und Rempel 2005). Je nach Branche beträgt ihr Anteil zwischen 22% und 66% (vgl. Thomas, Blattberg und Fox 2004).

Insbesondere in Zeiten des Absatzrückgangs, in denen durch Wachstum keine neuen Märkte erschlossen oder Konsumenten gewonnen werden können, ist es sinnvoll, den Fokus verstärkt auf solche Konsumenten zu legen, die leichter für einen Wiederkauf zu begeistern sind. Darunter fallen bestehende Kunden, aber auch ehemalige Kunden (Griffin und Lowenstein 2001). Diese gilt es mit geeigneten Maßnahmen wieder als Kunden zu gewinnen.

In den wenigen Forschungsarbeiten des Rückgewinnungsmanagements wurde bisher untersucht, warum Rückgewinnungsmanagement wichtig ist (Stauss und Friege 1999), dass ein finanzieller niedrigerer Einstiegspreis die Rückgewinnungsquote erhöht (Thomas, Blattberg und Fox 2004) und der Einfluss der wahrgenommenen Gerechtigkeit bei Rückgewinnungsmaßnahmen (Homburg, Hoyer und Stock 2007).

Bisher gibt es keine Grundlagenstudien, die sich umfassend mit der Zeit nach dem Beziehungsende beschäftigen und damit, wie ehemalige Kunden die Marke nach dem Beziehungsende sehen, wie sie sich der Marke gegenüber verhalten und unter welchen Bedingungen sie die Markenbeziehung fortführen würden. In der vorliegenden Arbeit wird ein Verständnis der Kundensicht als ein elementarer Bestandteil eines soliden Grundverständnisses über Rückgewinnungsmanagement gesehen. Um geeignete Rückgewinnungsmaßnahmen zu initiieren, ist es nicht ausreichend zu wissen, aus welchen Gründen ein Kunde die Beziehung beendet hat. Mit der vorliegenden Arbeit soll diese Lücke geschlossen werden, um so Unternehmen wie auch weiteren Forschungsansätzen ein vertieftes Verständnis über das Kundenverhalten hinsichtlich ihrer Rückgewinnungsmöglichkeiten zu geben.

Als wesentlicher Forschungsbeitrag wurde in der vorliegenden Dissertation die Post-Trennungsphase in Konsumentenbeziehungen eingeführt und untersucht. Ein Verständnis von Konsumentenreaktionen in der Post-Trennungsphase bietet Unternehmen substantielle Erkenntnisse über Handlungsweisen, wie beendete Konsumentenbeziehungen wieder aktiviert werden können. Zusätzlich erweitert und vertieft die vorliegende Dissertation die bestehende Relationship Marketing Literatur, indem gezeigt wird, dass sich Konsumenten in ihren markenbezogenen Reaktionen nach dem Ende einer Markenbeziehung unterscheiden und der empirische Nachweis unterschiedlicher Konsumentengruppen in der Post-Trennungsphase erbracht wird. Abschließend wird eine Brücke zwischen zwei bisher nicht verbundenen Phasen innerhalb der Kundenbeziehungen geschlagen: Die Phase des Beziehungsendes und die Phase der Rückgewinnung werden verbunden durch die empirisch untersuchte Post-Trennungsphase.

1.2 Forschungsfragen zur Untersuchung der Post-Trennungsphase

Über die Zeit nach dem Ende der Markenbeziehung, die im folgenden Post-Trennungsphase genannt wird, gibt es bisher keine umfassenden empirischen Erkenntnisse. Entsprechend wurde für die vorliegende Forschungsarbeit ein explorativer und induktiver Forschungsansatz gewählt. Im Gegensatz zu konfirmatorischen Fragestellungen, bei denen es gilt, Hypothesen zu überprüfen, geht es bei einer explorativen Fragestellung darum, ein unbekanntes Forschungsgebiet zu verstehen. Aus der – zumeist qualitativen – Analyse des Forschungsgegenstandes ergeben sich ein neues Verständnis zum Forschungsthema sowie ein neues Verständnis über die Wirkzusammenhänge.

Die Darstellung der identifizierten Zusammenhänge in einem allgemeineren Zusammenhang entspricht dem induktiven Vorgehen. Der induktive Ansatz schließt dabei vom Besonderen auf das Allgemeine. Ausgehend von beobachtbaren Tatsachen wird auf eine zugrundeliegende Theorie geschlossen, so dass aus der Beobachtung heraus Theorien entwickelt werden können (Lamnek 2005). Die Ergebnisse der vorliegenden Forschungsarbeit werden genutzt, um die identifizierten Zusammenhänge zu verallgemeinern und sie innerhalb eines größeren Rahmens bestehender theoretischer Ansätze einzuordnen.

Entsprechend verfolgt die vorliegende Arbeit drei aufeinander aufbauende Zielsetzungen: (1) die Identifikation zentraler Konstrukte der Post-Trennungsphase, (2) die Identifikation von unterscheidbaren Segmenten ehemaliger Konsumenten nach dem Ende der Kundenbeziehung und (3) die Entwicklung eines theoretischen Modells zu Anpassungsreaktionen in der Post-Trennungsphase.

Ad 1) Identifikation zentraler Themen und Konstrukte der Post-Trennungsphase

Bisher gibt es kaum Erkenntnisse darüber, welche Rolle eine Marke für ehemalige Konsumenten nach dem Ende der Markenbeziehung spielt. Es ist unklar, ob und wie das Ende einer Beziehung von Konsumenten bewältigt wird und wie sich ehemalige Konsumenten gegenüber der Marke verhalten. Das erste Ziel der vorliegenden Arbeit ist es, mit explorativen Methoden wie Tiefeninterviews die zentralen Themen und Konstrukte der Post-Trennungsphase zu identifizieren.[2] Dabei steht die Bedeutungsebene mit den zugrundeliegenden Motiven und psychologischen Faktoren, die das Handeln des Einzelnen bestimmen, im Vordergrund (Aghamanoukjan, Buber und Meyer 2007). Für die Identifikation der zentralen Themen der Post-Trennungsphase wird auf die Erkenntnisse der psychologischen Trennungsforschung Bezug genommen. Dabei wird untersucht, in welcher Form sich diese Erkenntnisse ebenfalls bei Markenbeziehungen wiederfinden lassen.

Ad 2) Identifikation unterscheidbarer Konsumentensegmente

Das zweite Ziel dieser Arbeit ist die Identifikation homogener Konsumentensegmente in der Post-Trennungsphase. Basierend auf den identifizierten Themen und Konstrukten der Post-Trennungsphase wird untersucht, ob sich die Befragten in Segmente zusammenfassen lassen, die nach dem Ende der Beziehung ähnliche Verhaltensweisen und Reaktionsmuster zeigen. Die Segmentierung ehemaliger Konsumenten ermöglicht Unternehmen die Identifizierung derjenigen Konsumenten, die sich besonders für Rückgewinnungsaktivitäten eignen.

Die Einteilung in Segmente bietet Unternehmen die Grundlage für die Ableitung wirksamer wie auch kosteneffizienter Rückgewinnungsstrategien. Zudem können Unternehmen anhand der Segmente identifizieren, welche ehemaligen Kunden etwa aufgrund markenschädigender Bewältigungsstrategien ihren Kundenwert (customer lifetime value, CLV) nach dem Ende der Beziehung verändern. Diese Zuordnung stellt für die Berechnung des CLV einen besonderen Mehrwert dar. Aufgrund der Schwierigkeiten, die Kommunikation (Mund-zu-Mund Kommunikation) nach dem Ende der Beziehung zu messen, lassen viele CLV-Modelle die Berechnung der Mund-zu-Mund Kommunikation nach dem Ende der Beziehung unberücksichtigt (Rust, Lemon und Zeithaml 2004). Wangenheim (2005) geht davon aus, dass sich

[2] Für die Beschreibung von theoretischen (latenten) Sachverhalten werden in qualitativen Studien die Begriffe „Konstrukt“ oder erweiterte Begriffe wie „konzeptuelles Konstrukt“ bzw. „Bedeutungskonstrukt“ (z.B. Ringberg, Odekerken-Schröder und Christensen 2007; Spiggle 1994) verwendet. Die Begriffe „Thema/Themen“ (z.B. Dahl und Moreau 2007; Spiggle 1994; Thompson, Locander und Pollio 1989) werden häufig benutzt, um Teile eines Konstruktes darzustellen. Sie werden ebenfalls verwendet, wenn keine Einordnung in höherrangige theoretische Konstrukte erfolgt. Im Folgenden wird diese Sprachregelung fortgeführt.

durch negative Kommunikation ein positiver CLV nach dem Ende einer Konsumentenbeziehung in einen negativen CLV verändern kann. Die Zuordnung der Konsumenten zu unterschiedlichen Segmenten bietet die Möglichkeit, Aussagen über zukünftiges Konsumentenverhalten zu machen. Hieraus kann ein Bestimmungsmaß abgeleitet werden, um schädigendes Verhalten zu erfassen und dies in die zukünftige CLV Berechnung mit einfließen zu lassen.

Ad 3) "Theoretisches Modell zu Anpassungsreaktionen in der Post-Trennungsphase"
Das dritte Ziel der vorliegenden Arbeit ist die Entwicklung eines aus der Empirie abgeleiteten Modells, welches Reaktionsweisen von Konsumenten in der Post-Trennungsphase erklärt (Glaser und Strauss 1967). Es soll den Zusammenhang zwischen der Beziehungsphase und den resultierenden Emotionen, Kognitionen und Verhaltensweisen von Konsumenten in der Post-Trennungsphase abbilden und erklären. Neben dem wissenschaftlichen Beitrag bietet die Entwicklung eines derartigen Erklärungsmodells die Möglichkeit, den Zusammenhang zwischen Ereignissen während der Konsumentenbeziehung und dem Konsumentenverhalten in der Post-Trennungsphase einzuordnen und geeignete präventive oder begleitende Handlungsstrategien abzuleiten.

1.3 Aufbau der Arbeit

Die vorliegende Arbeit untergliedert sich in sieben Kapitel. Im Anschluss an dieses Kapitel wird der Stand der Forschung zur Post-Trennungsphase bei Markenbeziehungen in Kapitel 2 dargestellt. Während die Grundgedanken des Relationship Marketing in Dienstleistungsbeziehungen naheliegend sind, ist dieser Ansatz bei Konsumenten-Marken Beziehungen nicht selbstverständlich. Daher wird zuerst die Markenbeziehung im Kontext des Relationship Marketing verortet, die Markenbeziehung sowie der Verlauf idealtypischer Markenbeziehungen näher beleuchtet und der Stand der Forschung zu Markenbeziehungen dargestellt. Dabei zeigt sich, dass bisher kaum Forschungsarbeiten existieren, die empirisch die Post-Trennungsphase in Markenbeziehungen untersuchen. Auch das erweiterte Forschungsfeld des

Dienstleistungsmarketing verdeutlicht, dass die Phase nach dem Ende einer Beziehung wenig Aufmerksamkeit bekommen hat, so dass eine systematische Untersuchung der Post-Trennungsphase sowie ihr Zusammenhang mit der Beziehungsphase noch ausstehen.

In Kapitel 3 werden die bestehenden Erkenntnisse zur Post-Trennungsphase aus der Marketingliteratur um die bestehenden Forschungsarbeiten zur Post-Trennungsphase aus der psychologischen Trennungs- und Scheidungsliteratur ergänzt. Während innerhalb des Marketing die Zeit nach dem Beziehungsende kaum berücksichtigt worden ist, gibt es innerhalb der Scheidungs- und Trennungsliteratur eine Vielzahl an Studien, die sich mit der Bewältigung der Trennung und Anpassung an die neue Situation auseinandersetzen. Beispielsweise muss zuerst nach dem Ende der Partnerschaft die bestehende Bindung aufgelöst werden. Dabei wird die Zeit nach dem Beziehungsende von einer Vielzahl an Bewältigungsmechanismen begleitet. Entsprechend wird in der psychologischen Trennungsliteratur das Beziehungsende übereinstimmend als stressauslösendes Ereignis gesehen (Amato 2000). In Ergänzung erfolgt daher eine theoretische Fundierung der Reaktionen in der Post-Trennungsphase durch die transaktionale Stresstheorie von Lazarus und Folkman (1984). Das Kapitel schließt mit einer Betrachtung zur Übertragbarkeit bestehender psychologischer Konstrukte für die Markenbeziehung. Besonders in Forschungsfeldern, die bisher kaum Erkenntnisse bieten, kann aufgrund des fehlenden Übereinstimmungskontextes eine Übertragung von Konstrukten aus der Sozialpsychologie zu Schwierigkeiten bei der Interpretation der Ergebnisse führen (Bengtsson 2003), weshalb für die vorliegende Forschungsarbeit ein explorativer und induktiver Forschungsansatz gewählt wird.

Gegenstand von Kapitel 4 ist die Entwicklung des Bezugsrahmens der vorliegenden Studie. Die Markenbeziehung wird als zentrale Beziehung modelliert, die innerhalb eines Netzes von weiteren Beziehungen wie beispielsweise der Produkt- oder Mitarbeiterbeziehung eingebettet ist. Es wird angenommen, dass ein oder mehrere kritische Ereignisse während der Beziehungsphase zum Ende der Markenbeziehung führen und daraus die Unterschiede in der Post-Trennungsphase hinsichtlich der Emotionen, Kognitionen und Verhaltensweisen ehemaliger Konsumenten resultieren.

In Kapitel 5 werden der methodologische Ansatz, die verwendeten Methoden sowie das Vorgehen während der empirischen Erhebung vorgestellt. Die Analyse der Tiefeninterviews und die Identifikation der Konstrukte erfolgt in Anlehnung an das vorgeschlagene Vorgehen der Grounded Theory (Corbin und Strauss 1990). Für eine umfassende Analyse werden die Daten quantifiziert. Mit der kategorialen Hauptkomponentenanalyse (CatPCA) werden die identifizierten Konstrukte der qualitativen Analyse auf zugrundeliegende Strukturen innerhalb der Befragten untersucht und damit bestehende Segmente aufgedeckt. Ergänzend wird die exakte logistische Regression verwendet. Die exakte logistische Regression bietet die Möglichkeit, bei kleinen Datensätzen Zusammenhänge zwischen den Konstrukten der einzelnen Beziehungsphasen aufzudecken. Sie bietet zudem die Möglichkeit der externen Validierung, indem der Zusammenhang zu weiteren Variablen aufgedeckt werden kann.

In Kapitel 6 werden die Ergebnisse der qualitativen und quantitativen Analyse erörtert. Sie lassen sich in fünf Teile untergliedern. Im ersten Ergebnisteil werden die identifizierten Konstrukte der qualitativen Analyse zur Beziehungs- und Post-Trennungsphase aufgezeigt. Im zweiten Ergebnisteil werden die Resultate der quantifizierten Konstrukte vorgestellt. Die Analyse der Daten mit der CatPCA ergibt vier unterschiedliche Segmente. Diese lassen sich entlang der beiden Dimensionen „beziehungsbezogene Reaktionen“ und „trennungsbezogene Reaktionen“ unterscheiden. Im dritten Ergebnisteil werden die qualitativen und quantitativen Ergebnisse trianguliert. Für jedes Segment wird die quantitative und qualitative Beschreibung in einen Zusammenhang gebracht, um so ein kohärentes Bild der einzelnen Segmente in der Beziehungs- und in der Post-Trennungsphase zu ermöglichen. Im vierten Ergebnisteil erfolgt eine externe Validierung der Segmente, indem mittels der exakten logistischen Regression der Zusammenhang zwischen Beziehungsphase und Post-Trennungsphase aufgezeigt wird. Aus den vorliegenden Ergebnissen wird im abschließenden Ergebnisteil ein theoretisches Modell entwickelt. Das *„Modell zu Anpassungsreaktionen in der Post-Trennungsphase“* beschreibt und erklärt Konsumentenreaktionen in der Post-Trennungsphase und setzt sie in Zusammenhang zu den vorhergehenden Beziehungsphasen.

Im abschließenden Kapitel 7 folgen eine Diskussion der Ergebnisse und die Einordnung der Arbeit hinsichtlich ihrer Bedeutung für die wissenschaftliche Forschung und die unternehmerische Praxis.

2 Die Markenbeziehung

Für ein profundes Verständnis der Post-Trennungsphase in Markenbeziehungen ist es sinnvoll, sich vorab mit der Markenbeziehung als solcher zu beschäftigen. Der Ansatz der Markenbeziehung entspringt dabei dem Grundgedanken des Relationship Marketing. Die Arbeit nähert sich der Post-Trennungsphase von Markenbeziehungen, indem in Kapitel 2.1 die Markenbeziehung in den größeren Rahmen des Relationship Marketing eingebettet wird. Dabei werden zuerst die wesentlichen Grundgedanken des Relationship Marketing dargestellt und die Markenbeziehung dazu in Kontext gesetzt.

Nach der Verortung der Markenbeziehung innerhalb des Relationship Marketing wird in Kapitel 2.2 die Markenbeziehung näher beleuchtet. Die Herleitung der Marke als Beziehungspartner erfolgt in Kapitel 2.2.1. Die Beziehung zwischen Konsument und Marke durchläuft idealtypisch die unterschiedlichen Phasen vom Beziehungsaufbau bis hin zum Beziehungsende, welche in Kapitel 2.2.2 beschrieben werden. Die Phase des Beziehungsendes sowie die Gründe für das Ende der Beziehung spielen in der vorliegenden Arbeit eine herausgehobene Rolle, weshalb sie im Anschluss ausführlicher beschrieben werden.

In Kapitel 2.2.3 folgt der Stand der Forschung zu Markenbeziehungen. Es zeigt sich, dass der Fokus der Forschungsarbeiten auf der Beziehungsphase liegt und nur vereinzelte Arbeiten das Ende der Markenbeziehung betrachten oder sich mit den Auswirkungen des Beziehungsendes beschäftigen. Da zur Post-Trennungsphase nur vereinzelte Forschungsarbeiten vorliegen, werden zudem Forschungsarbeiten aus dem Dienstleistungsmarketing auf ihren Informationsgehalt hinsichtlich der Post-Trennungsphase überprüft und dargestellt.

Das Kapitel schließt mit einer Bewertung des Forschungsstandes und der Herleitung einer vorläufigen Definition der Post-Trennungsphase.

2.1 Relationship Marketing als Grundlage der Markenbeziehung

Der Begriff Relationship Marketing wird vielfach Berry (1983) zugeschrieben, der in diesem Zusammenhang Relationship Marketing als „attracting, maintaining and – in multi-service organizations – enhancing customer relationships“ (S. 25) beschrieben hat. In Abgrenzung zu dem Transaktionsansatz, bei dem die stete Neugewinnung von Transaktionen im Mittelpunkt steht, stellt Berry (1983) die Verbesserung und Aufrechterhaltung der Kundenbeziehung in den Mittelpunkt. Sheth und Parvatiyar (1995) erklären die Bedeutung des Relationship Marketing für Konsumgütermärkte, indem sie erläutern, weshalb Konsumenten ein beziehungsorientiertes Verhalten beim Kauf von Produkten und Dienstleistungen zeigen. Sie führen dies auf persönliche, soziale und institutionelle Einflüsse zurück. Beispielsweise resultiert aus einer Beziehung für den Kunden eine Verringerung der Kaufalternativen und führt damit einhergehend zu einer Vereinfachung des Kaufentscheidungsprozesses. Umgekehrt profitieren Anbieter durch die höhere Loyalität der Konsumenten.

Der Gedanke des Relationship Marketing hat sich aus dem Industriegüter- und Dienstleistungsmarketing heraus entwickelt. Insbesondere Dienstleistungsbeziehungen oder Business-to-Business Geschäftsbeziehungen zeichnen sich durch den langfristigen zwischenmenschlichen Kontakt zweier Geschäftspartner aus (Peelen, 2005). Während der transaktionale Ansatz nur die einzelne Transaktion zweier Geschäftspartner betrachtet, erweitert das Relationship Marketing diesen Ansatz auf die Zeit vor und nach der Transaktion und stellt damit den Beziehungsgedanken in den Vordergrund.

In den 90er Jahren rückten die Kundenbindung und der Kundenwert in den Mittelpunkt der Forschung (Reichheld, 1995) und in diesem Zusammenhang ebenfalls Beziehungskonstrukte wie Vertrauen, Zufriedenheit und innere Verbundenheit (z.B. Morgan und Hunt, 1994).

Während das Relationship Marketing ursprünglich die Beziehungen zwischen Kunde und Anbieter betrachtete, ist die weitergehende Übertragung des Beziehungsbegriffs auf Konsumgütermarken erst vermehrt in den letzten Jahren nach den wegweisenden Arbeiten von Sheth und Parvatiyar (1995) sowie Susan Fournier (1998) entstanden (z.B. Aaker, Fournier und Brasel 2004; Breivik und Thorbjornsen 2008; Chang und Chieng 2006; McAlexander, Schouten und Koenig 2002).

2.2 Die Markenbeziehung

2.2.1 Die Marke als Beziehungspartner

Der Beziehungsbegriff ist bei Dienstleistungsbeziehungen oder Business-to-Business Geschäftsbeziehungen als Analogie naheliegend. Bei einer Markenbeziehung oder Beziehung zwischen Konsument und Marke ist dies nicht unbedingt intuitiv gegeben. Fournier (1998) leitet den Beziehungsbegriff aus der sozialpsychologischen Forschung zu engen Beziehungen (close relationships) her. Integraler Bestandteil einer Beziehung in der psychologischen Forschung ist die Interaktion zwischen den beiden Beziehungspartnern (Hinde 1997). Beide Beziehungspartner müssen aufeinander Einfluss nehmen und auf den Beziehungspartner reagieren können. In zwischenmenschlichen Beziehungen ist leicht nachzuvollziehen, dass eine wechselseitige Beeinflussung und Reaktion aufeinander möglich ist. Eine Übertragung dieses Beziehungsansatzes auf die Beziehung zwischen Konsument und Marke bedarf einer genaueren Erklärung, da es sich bei einer Marke je nach Definition um ein abstraktes Konstrukt handelt.

Nach der American Marketing Association (AMA) ist eine Marke:

> „A name, term, design, symbol, or any other feature that identifies one seller's good or service as distinct from those of other sellers. The legal term for brand is trademark. A brand may identify one item, a family of items, or all items of that seller. If used for the firm as a whole, the preferred term is trade name."

Diese Markendefinition blickt aus Sicht der Unternehmen auf Produkte oder Dienstleistungen. Es gilt, ein Produkt oder eine Dienstleistung identifizierbar und unterscheidbar von anderen Produkten oder Dienstleistungen zu machen. Zu der

Markendefinition aus Sicht der Unternehmen erweitert die AMA die Markendefinition um die Sicht des Konsumenten:

> „A brand is a customer experience represented by a collection of images and ideas; often, it refers to a symbol such as a name, logo, slogan, and design scheme. Brand recognition and other reactions are created by the accumulation of experiences with the specific product or service, both directly relating to its use, and through the influence of advertising, design, and media commentary."

Danach lässt sich eine Marke als Sammlung von Bildern und Ideen beschreiben, die ein Konsument von einer Marke hat. Aaker (1997) ergänzt und vertieft diese Definition, indem sie von einer Markenpersönlichkeit spricht. Der persönlichkeitsorientierte Markenbegriff betont insbesondere die symbolischen, intangiblen Merkmale einer Leistung und liefert so einen Erklärungsbeitrag zu der Frage, weshalb Personen zu Marken Beziehungen aufbauen können (Lorenz 2009). Die Markenpersönlichkeit entsteht in den Köpfen der Konsumenten. Sie lässt sich als Vorstellung der Marke in Form einer Person bezeichnen und resultiert u.a. durch die Übertragung der Persönlichkeitseigenschaften typischer Markennutzer auf die Marke. Nach dem persönlichkeitsorientierten Markenbegriff lassen sich Marken ähnlich wie Personen Eigenschaften zuordnen.

Nach Aaker (1997, S. 347) kann die Markenpersönlichkeit als „[…] the set of human characteristics associated with a brand" definiert werden. Oft nutzen Konsumenten für die Markenbeschreibungen Attribute, die sich mit den Dimensionen der „big five" der menschlichen Persönlichkeit[3] vergleichen lassen (Aaker 2005).

Aaker (1997) leitet den Grundgedanken der Markenpersönlichkeit anhand der „Theorie des Animismus" (Gilmores 1919) her. Danach neigen Menschen dazu, Artefakte durch die Verleihung menschlicher Eigenschaften zu beseelen. Sie besitzen das Bedürfnis, Objekte zu vermenschlichen oder ihnen selektiv menschliche Eigenschaften zuzuweisen (z.B. Belk 1988; Mick und Fournier 1998). Auf dieser

[3] Die fünf Dimensionen der menschlichen Persönlichkeit sind Extrovertiertheit, Liebenswürdigkeit, Gewissenhaftigkeit, emotionale Stabilität und Kultur. Die Dimensionen der Markenpersönlichkeit sind Aufrichtigkeit, Excitement (Erregung/Spannung), Kompetenz, Kultiviertheit, Robustheit (Herrmann, Huber und Braunstein 2005).

Grundlage verfügen Marken über „menschliche Merkmale“ im Sinne einer Persönlichkeit (Burmann, Blinda und Nitschke 2003). Gezielte Marketingstrategien statten eine Marke durch Personifizierung, Vermenschlichung oder den Aufbau innerer Bilder mit einer eigenen Persönlichkeit aus und ermöglichen es so, die Marke in Verbindung mit dem eigenen Ich zu bringen (Escalas und Bettman 2005). Entsprechend des Ansatzes, dass „[...] the everyday execution of marketing mix decisions constitutes a set of behaviors enacted on behalf of the brand [...]“ (Fournier 1998, S. 345) kann eine Marke als belebter Beziehungspartner agieren, eine Beziehung initiieren, aufrecht erhalten und zerstören (vgl. Lorenz 2009).

Entsprechend interagieren in der Markenbeziehung Konsument und Marke und stehen miteinander in Interdependenz. Eine Interaktion ist dabei die wechselseitige Bezugnahme der beteiligten Akteure. Sie kann als Austausch, Kooperation, Interpretation oder kommunikatives Handeln verstanden werden (Berscheid 1994; Kelley 1983). In ihrer Dissertation argumentiert Lorenz (2009), dass eine einmalige Interaktion nicht ausreichend ist, um von einer Beziehung zu sprechen. Eine Beziehung liegt erst vor, wenn es zwischen Anbieter und Nachfrager zu weiteren Interaktionen kommt, die zueinander in einem inhaltlichen Zusammenhang stehen und nicht zufällig sind. Nach diesem Verständnis kann eine Markenbeziehung ohne Nutzung der Marke bestehen. Georgi (2000) schränkt diesen Beziehungsbegriff weiter ein, indem er die Interaktion als eine notwendige, jedoch keine hinreichende Bedingung darstellt. Er stellt die Transaktion als das konstituierende Element einer Beziehung zwischen Anbieter und Nachfrager in den Mittelpunkt. Transaktionen beinhalten den Austausch von Leistungen oder Informationen und einen finanziellen sowie sozialen Austausch innerhalb eines deutlich definierten Zeitraumes.

2.2.2 Phasen der Markenbeziehung

Markenbeziehungen sind keine statischen Gebilde, sondern dynamische Interaktionen mehrerer Beteiligter, die sich über die Zeit hinweg verändern. Für die Untersuchung der Beziehungsentwicklung und -veränderung wird der Beziehungsverlauf in unterschiedliche Phasen eingeteilt. Zur besseren Einordnung erfolgt eine

Einordnung der Post-Trennungsphase innerhalb der Phasen einer Markenbeziehung. Innerhalb des Relationship Marketing gibt es unterschiedliche Einteilungen zu den einzelnen Phasen einer Kundenbeziehung. Eine häufig verwendete Einteilung im deutschsprachigen Raum ist das Modell von Stauss (2000; Bruhn 2001). Eine ähnliche Einteilung für die Abbildung der Markenbeziehung hat Fournier (1998) in ihrer Arbeit verwendet. Ihre Arbeit ist eine grundlegende und konzeptionell weitreichende Arbeit zur Beschreibung von Konsument-Marke-Beziehungen (diese und weitere Arbeiten zu Markenbeziehungen werden ausführlich in Kapitel 2.2.4 beschrieben). Entsprechend wird in der vorliegenden Arbeit auf das Fünf-Phasen-Modell von Fournier (1998) Bezug genommen. Nach diesem Modell lässt sich eine Markenbeziehung idealtypisch in die Phasen Anbahnung, Wachstum, Erhaltung, Rückgang und Auflösung unterteilen. Abbildung 1 stellt diese Phasen dar und ordnet sie in die drei grundlegenden Phasen ein: (1) die Phase des Beziehungsaufbaus (Anbahnung), (2) die Bindungsphase (Wachstum und Erhaltung) und (3) die Phase des Beziehungsendes (Rückgang und Auflösung).

(1) Phase des Beziehungsaufbaus

Die Phase des Beziehungsaufbaus lässt sich als den Beginn der Markenbeziehung beschreiben. In der ersten Anbahnungsphase hat noch keine Transaktion zwischen Konsument und Unternehmen stattgefunden. Basierend auf der gegenseitigen Attraktivität wird untersucht, inwieweit die Marke als Beziehungspartner passend ist. Je nach Art der Konsumentenbeziehung werden in dieser Phase Informationen über sich sowie die eigenen Bedürfnisse preisgegeben. Nach den ersten Transaktionen haben Konsumenten die ersten Beziehungserfahrungen mit der Marke gemacht und die Weichen für den weiteren Beziehungsverlauf gestellt.

(2) Bindungsphase

In der Bindungsphase wird die Beziehung intensiviert. Sie lässt sich in eine Wachstums- und in eine Erhaltungsphase unterteilen. In der Wachstumsphase hat sich über die Zeit die Anzahl der Transaktionen erweitert und sich der Beziehungsnutzen durch den Aufbau einer gegenseitigen Beziehung erhöht. In der Erhaltungsphase wird die Beziehung entsprechend ausgeweitet.

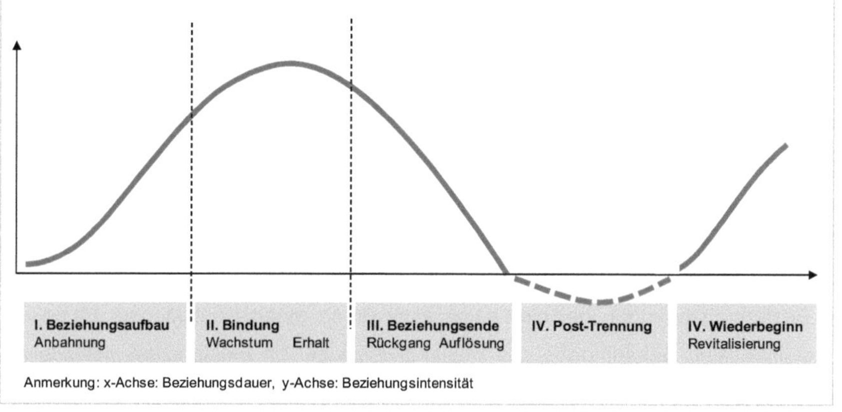

Abbildung 1: Phasen der Markenbeziehung

Quelle: Eigene Darstellung (in Anlehnung an Stauss 2000)

(3) Phase des Beziehungsendes

In der Phase des Beziehungsendes kommt es zu einem Rückgang der Beziehungsintensität durch ein oder mehrere kritische Ereignisse. In der Folge wird die Beziehung aus Konsumentensicht anders bewertet und über eine Auflösung der Markenbeziehung nachgedacht.

Während in der Darstellung von Fournier (1998) die Beziehung mit der Auflösung beendet ist, geht die Darstellung des Kundenbeziehungs-Lebenszyklus von Stauss (2000) etwas weiter. Er ergänzt die Phasen der Beziehung um eine Phase des Wiederbeginns. In dieser Phase werden ehemalige Konsumenten durch ein Rückgewinnungsmanagement (Revitalisierung) wieder als Konsumenten zurückgewonnen. In seiner Darstellung sind die Phasen des Beziehungsendes und des Wiederbeginns nicht verbunden. Folgt man diesem Ansatz, besteht nach dem Ende der Markenbeziehung eine „Nicht-Beziehung“, die durch beiderseitige Revitalisierungsmaßnahmen wieder neu begonnen werden kann.

Während Stauss (2000) die Zeit nach dem Ende der Beziehung als „Nicht-Beziehung" darstellt, beschreiben Coulter und Ligas (2000) die Zeit nach dem Beziehungsende als eine Teilphase des Beziehungsendes. In ihrer Studie zum „long-exit" bei Dienstleistungsbeziehungen unterscheiden sie drei Phasen des Beziehungsendes: eine Auflösungsphase (dissolution stage), eine Ausstiegsphase (exit stage) und eine Post-Trennungsphase (post-dissolution stage). In der Auflösungsphase kommt es zu einem „breakdown trigger" wie beispielsweise ein Service- oder Produktfehler, der dazu führt, dass die Beziehung anders wahrgenommen wird. Es folgt in der Auflösungsphase die „breakdown phase", in der über die Wechselkosten, die mit dem Beziehungsende einhergehen, nachgedacht wird. Die Beziehung wird beendet, wenn es zu einem „determinant incident" kommt, also einem Auslöser, der dazu führt, dass der Konsument die Beziehung beendet. In der Ausstiegsphase wird die Beziehung beendet, beispielsweise aktiv durch einen Konflikt oder umgekehrt ohne öffentliche Bekanntgabe des Beziehungsendes. Im Einklang mit der Literatur zur Kundenrückgewinnung beschreiben Coulter und Ligas (2000) die Post-Trennungsphase als eine Phase nach der Trennung, in der sich die Konsumenten hinsichtlich ihrer Bereitschaft der Wiederaufnahme der Kundenbeziehung unterscheiden.

Entsprechend des Ansatzes von Coulter und Ligas (2000) wird in der vorliegenden Studie die Phase des Beziehungsendes mit der Phase des Wiederbeginns durch die Post-Trennungsphase (in Abbildung 1 als gestrichelte Linie dargestellt) verbunden.

In ihrer wegweisenden Arbeit zu Markenbeziehungen postuliert Fournier (1998), dass Markenbeziehungen vielfältige Verlaufsformen annehmen können. Die unterschiedlichen Verlaufsformen legen nahe, dass Markenbeziehungen durch Konsumenten auch beendet werden können, wenn sich die Markenbeziehung durch eine hohe Verbundenheit der Marke gegenüber auszeichnet (vgl. Abbildung 2). Die Phase des Beziehungsendes ist dabei nicht notwendigerweise durch eine Verschlechterung der Markenbeziehung oder eine Abnahme der Markennähe gekennzeichnet.

Das vorliegende Kapitel verdeutlicht, dass sich Markenbeziehungen in idealtypischen Phasen darstellen lassen und somit als prozesshafte Gebilde zu begreifen sind.

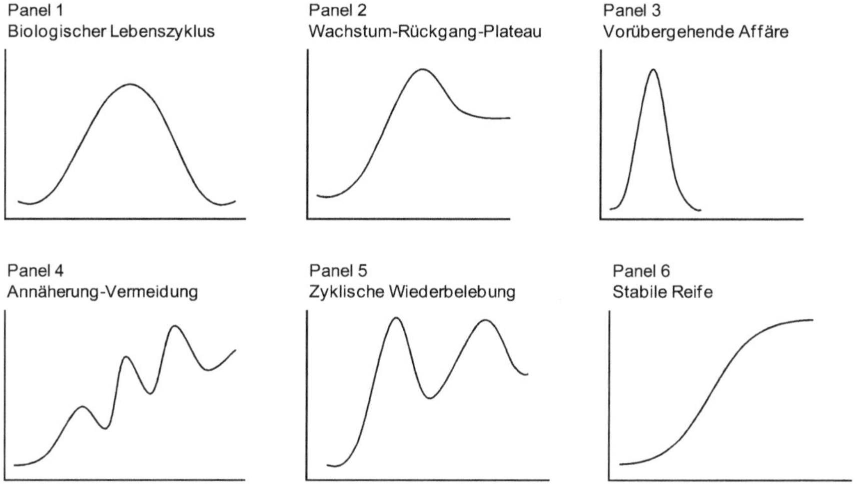

Abbildung 2: Alternative Verläufe von Markenbeziehungen
Bemerkung: Die x-Achse entspricht der Zeit, die y-Achse entspricht der Beziehungsnähe zur Marke
Quelle: Fournier 1998, S. 364

Die unterschiedlichen Verlaufsformen der Markenbeziehungen legen nahe, dass sowohl unterschiedliche Motivationen als auch kritische Ereignisse existieren, eine Markenbeziehung zu beenden.

2.2.3 Die besondere Bedeutung der Phase des Beziehungsendes

Das Ende einer Markenbeziehung kann durch eine Vielzahl von Gründen entstehen. Veränderte Kundenbedürfnisse, Produktfehler, Servicefehler oder das Bedürfnis nach Variety Seeking können dabei der Auslöser für das Beziehungsende sein (z.B. Hess, Ganesan und Klein 2007; Keaveney und Parthasarathy 2001; Seetharaman und Hai 2009). Je nach Autor lassen sich die Ursachen für das Beziehungsende in unterschiedliche Kategoriensysteme zusammenfassen (z.B. Fajer und Schouten 1995; Fournier 1998; Keaveney 1995).

Eine umfassende Einteilung leitet Fournier (1998) ab. Hiernach lassen sich zwei allgemeine Modelle unterscheiden: das Entropie-Modell und das Stress-Modell. "In the entropy model, relationships fall apart unless actively maintained; in the stress model, relationships are forcefully destroyed by the intrusion of personal, brand, dyadic, or environmental stress factors" (S. 363). Nach dem Entropie-Modell kommt es durch eine permanente Abschwächung der Beziehung zu einem Beziehungsende. Kein Beziehungspartner hält die Beziehung bewusst und aktiv aufrecht. Die fehlende Aktivität führt zum Ende der Beziehung und es findet ein „Vergessen" der Beziehung und des Beziehungspartners statt. Fournier (1998) beobachtet diese Art des Beziehungsendes bei Markenbeziehungen, die sich durch einen seltenen Kontakt auszeichnen und in ihrer emotionalen Bedeutung und Nähe für den Konsumenten gering sind.

Im Gegensatz dazu wird nach dem Stressmodell die Markenbeziehung aktiv zerstört, indem sichtbare Stressoren auftauchen, die sich in (1) umfeldbezogene, (2) partnerbezogene oder (3) beziehungsbezogene Ursachen unterteilen lassen.

(1) Umfeldbezogene Ursachen die Markenbeziehung zu beenden, sind Gründe, die weder in der Person des Konsumenten noch in der Marke liegen. Dazu gehören zum einen Veränderungen in der physischen Verfügbarkeit der Marke. Das kann beispielsweise ein Umzug des Konsumenten in eine Region sein, in der die Marke nicht verfügbar ist. Andere umfeldbezogene Ursachen sind etwa der Markteintritt eines überlegenen oder lang erwarteten Wettbewerbers.

(2) Partnerbezogene Ursachen für das Ende der Markenbeziehung lassen sich in konsumenten- und markenbezogene Gründe unterscheiden. Konsumentenbezogene Gründe, die Markenbeziehung zu beenden, entstehen beispielsweise durch Veränderungen in der Persönlichkeit des Konsumenten. Veränderte Bedürfnisse, Werte oder Rollen können ebenfalls dazu führen, dass die Marke nicht mehr zum Konsumenten passt. Markenbezogene Gründe, die Be-

ziehung zu beenden, entstehen dagegen durch strategische Managemententscheidungen in der Markenführung. Dazu gehört beispielsweise die Entscheidung, eine Marke nicht mehr weiter zu produzieren oder in bestimmten Regionen nicht mehr anzubieten.

(3) Beziehungsbezogene Ursachen liegen in der Interaktion zwischen Marke und Konsument begründet. In der Interaktion zwischen den beiden Beziehungspartnern fühlt sich ein Partner nicht mehr als Partner behandelt. Es werden Beziehungsregeln gebrochen, Versprechen nicht eingehalten und es kommt schließlich zu einem Vertrauensverlust.

2.2.4 Stand der Forschung zu Markenbeziehungen

Für das Verständnis der Post-Trennungsphase von Markenbeziehungen gilt es vorab zu betrachten, welche Forschungsarbeiten zu Markenbeziehungen vorliegen und welche Erkenntnisse sie für die Untersuchung der Post-Trennungsphase bringen. Tabelle 1 stellt in einer Übersicht Studien zur Markenbeziehung dar. Aus dieser Übersicht wird deutlich, dass die meisten Arbeiten dabei einen konkreten Aspekt wie beispielsweise den Einfluss von Normverletzung (Aggarwal 2004) oder Wertkongruenz zwischen Marke und Konsument (Zhang und Bloemer 2008) untersuchen. Im Gegensatz dazu sind die Arbeiten von Sheth und Parvatiyar (1995), Fournier (1998) und McAlexander, Schouten und Koenig (2002) konzeptionell umfassender und werden im Folgenden hinsichtlich ihrer Bedeutung für die Post-Trennungsphase dargestellt.

Die Arbeit von Sheth und Parvatiyar (1995) ist eine theoretische Arbeit, bei der die Autoren darlegen, weshalb sich die Grundgedanken des Relationship Marketing auf Konsumgüter übertragen lassen. Ausgehend von psychologischen und soziologischen Forschungsansätzen, leiten Sheth und Parvatiyar (1995) her, weshalb Konsumenten ein beziehungsorientiertes Verhalten bei Konsumgütern zeigen. Danach sind Konsumenten bereit, Wahlmöglichkeiten zugunsten von psychologischen, sozialen und institutionellen Vorteilen einzuschränken. Mit ihrer Arbeit legen sie den Grundstein für den Beziehungsansatz des Relationship Marketing bei Konsumgütern.

Diesen Ansatz vertieft und erweitert Fournier (1998), indem sie die Markenbeziehungen zwischen Konsumenten und Marken untersucht. Ausgehend von den Erkenntnissen der Sozialpsychologie von Partnerschaften führt sie mit drei Frauen phänomenologische Interviews über ihre vielfältigen Markenbeziehungen. Fournier identifiziert 15 unterschiedliche Beziehungsformen wie beispielsweise „arrangierte Ehe", „Freundschaft" oder „Affäre". Aus den Interviews entwickelt sie ein Modell zur Markenbeziehungsqualität, welches sechs zugrundeliegende Beziehungsdimensionen („love/passion, self-connection, commitment, interdependence, intimacy, brand partner quality) enthält.

Fournier (1998) stellt in ihrer Studie die Beziehung zwischen Marke und Konsument als eine Eins-zu-eins-Beziehung dar. McAlexander, Schouten und Koenig (2002) erweitern diesen Ansatz, indem sie Konsumenten und Marke als Teil eines Beziehungsnetzes gestalten. Ausgehend von einer qualitativen, ethnographischen Studie zu Markenbeziehungen überprüfen sie in zwei weiteren quantitativen Studien zentrale Hypothesen ihres Modells zu „brand communities". In ihrer Studie finden sie, dass Markenbeziehungen die Beziehung zur Marke, dem Produkt, dem Marketer sowie zu anderen Kunden beinhalten.

Für die Untersuchung der Post-Beziehungsphase ist dieses Ergebnis besonders interessant. Die Marke ist dabei nicht ein einzelner Beziehungspartner, sondern besteht aus einer Mehrzahl an Beziehungspartnern. Für die Untersuchung der Post-Trennungsphase bedeutet dies, dass Konsumenten mit dem Ende der Markenbeziehung mehrere Beziehungen gleichzeitig beenden.

Tabelle 1 : Forschungsstand zu Markenbeziehungen

Phase der Markenbeziehung	Autor [1)]	Inhalt der Studie zu Markenbeziehungen
Bindungsphase[2)]	Sheth und Parvatiyar (1995)	Theoretische Überlegungen zum Einfluss des Relationship Marketing bei Konsumgütern. Persönliche, soziale und institutionelle Einflüsse führen ihrer Überlegung nach dazu, dass Konsumenten ihre Wahl einschränken.
	Fournier (1998)	Phänomenlogische Studie zur Konsument-Marke-Beziehung. Konsumenten können vielfältige Formen von Beziehungen Marken gegenüber entwickeln, die sich auf unterschiedlichen Dimensionen der Beziehungsqualität abbilden lassen.
	McAlexander, Schouten und Koenig (2002)	Ethnologische und empirische Studie zu "brand communities". Konsumenten sind innerhalb der Markengemeinschaft in eine Vielzahl an Beziehungen eingebettet. Konsumenten können dabei beispielsweise eine Beziehung zum Produkt, zur Marke oder zum Unternehmen entwickeln.
	Aaker, Fournier und Brasel (2004)	Experimentelle Studie über den Einfluss unterschiedlicher Markenpersönlichkeiten (aufrichtige Marke vs. aufregende Marke) bei Fehlverhalten auf die Markenbeziehung.
	Aggarwal (2004)	Empirische Studie über die Beziehungsbewertung nach einer Normverletzung bei unterschiedlichen Beziehungsformen (Austauschbeziehung und Gemeinschaftsbeziehung).
	Thomson, MacInnis und Park (2005)	Theoretische Überlegungen zur Abgrenzung des Konstruktes "emotionales Attachment" gegenüber des Konstruktes "Einstellungen" bei Markenbeziehungen.
	Breivik und Thorbjornsen (2008)	Empirische Studie zur Übertragbarkeit des Modells der Beziehungsqualität vs. des Modells des Beziehungsinvestments auf Markenbeziehungen.
	Swaminathan, Page und Gürhan-Canli (2007)	Empirische Studie über den Einfluss des "self-construal" auf die Zugehörigkeit zu einer Marke auf Individual- oder Gruppenebene.
	Zhang und Bloemer (2008)	Empirische Studie über den Einfluss der Wertübereinstimmung zwischen Marke und Konsument auf die Beziehungsqualität.

[1)] Die dargestellte Auswahl umfasst Studien zur Markenbeziehung, die in A+ oder A Journals erschienen sind (vgl. Schrader und Hennig-Thurau, 2009).
[2)] Alle genannten Studien in dieser Tabelle untersuchen die Bindungsphase von Markenbeziehungen.

2.2.5 Stand der Forschung zur Post-Trennungsphase

Die Post-Trennungsphase in Markenbeziehungen

In den Forschungsarbeiten, die sich mit dem Ende von Markenbeziehungen auseinandersetzen (vgl. Tabelle 2) liegen die Forschungsschwerpunkte auf den unterschiedlichen Phasen des Beziehungsendes (Fajer und Schouten 1995; Fournier 1998) sowie den Ursachen für das Beziehungsende (z.B. Fournier 1998; Hemetsberger, Kittinger-Rosanelli und Friedmann 2009).

In ihrer theoretischen Arbeit zum Ende der Markenbeziehung nutzen Fajer und Schouten (1995) die Erkenntnisse der Sozialpsychologie und leiten daraus drei Muster des Beziehungsendes ab: (1) physische Trennung, (2) eine neue Marke ersetzt die alte Marke und (3) ein Partner zeigt ein Verhalten, das zu einer Störung in der Interaktion führt. Diese Einteilung der Ursachen für das Beziehungsende bildet Fournier (1998) umfassender in dem Stress- und Entropiemodell (vgl. Kapitel 2.2.3) ab, das sie im Rahmen ihrer Studie zu Konsumenten-Marke-Beziehung entwickelt. Dabei modelliert sie unterschiedliche Beziehungsverläufe, die nahelegen, dass die Beziehungsqualität zum Ende der Beziehung variiert. Während Fournier (1998) in ihrer Arbeit die Bindungsphase und die Phase des Beziehungsendes untersucht, beschäftigen sich Johnson, Matear und Thomson (2011) mit Konsumentenverhalten nach dem Ende der Markenbeziehung. In ihrer empirischen Studie mit zwei Befragungen und einem Experiment untersuchen sie destruktives Konsumentenverhalten nach dem Ende der Markenbeziehung in Abhängigkeit von der persönlichen Bedeutung (symbolischer Nutzen) der früheren Markenbeziehung.

Sie zeigen, dass Konsumenten eher markenschädigendes Verhalten zeigen, wenn die Marke von hoher Bedeutung für das eigene Selbstwertgefühl ist. Markenschädigendes Verhalten kann dabei negative Kommunikation über die Marke, Beschwerde Dritten gegenüber sowie nicht legale Verhaltensweisen wie Diebstahl, Vandalismus oder Drohungen umfassen. Markenschädigendes Verhalten wird insbesondere ausgelöst, wenn sich Konsumenten in der Beziehung beschämt, verunsichert oder verletzt gefühlt haben. Im Gegensatz dazu zeigen Konsumenten in einer Markenbeziehung mit geringer persönlicher Bedeutung und einer guten Beziehungsqualität (im Sinne von Vertrauen, Zufriedenheit und Verbundenheit), weniger markenschädigendes Verhalten.

Tabelle 2 : Forschungsstand zum Ende von Markenbeziehungen

Phase der Markenbeziehung	Autor [1)]	Inhalt der Studie zu Markenbeziehungen
Ende der Markenbeziehung	Fajer und Schouten (1995)	Theoretische Überlegungen zum Ende von Markenbeziehungen. Gründe des Markenwechsels sowie affektive und verhaltensbezogene Reaktionen werden in Anlehnung an enge zwischenmenschliche Beziehungen erörtert.
	Fournier (1998)	Phänomenologische Studie zur Konsument-Marke-Beziehung. Ergänzend zu den Formen der Markenbeziehungen und Dimensionen der Beziehungsqualität erfolgt eine theoretische Ergänzung über mögliche Verläufe von Markenbeziehungen und Ableitung von Kategorien zu Ursachen des Beziehungsendes.
	Hemetsberger, Kittinger-Rosanelli und Friedmann (2009)	Phänomenologische Studie zum Ende von Markenbeziehungen. Das Ende der Markenbeziehung wird anhand von zwei hauptsächlichen Kategorien wie persönlichen Veränderungen und physischen/ psychischen Verletzungen erklärt.
Post-Trenungphase	Bogomolova (2007)	Empirische Studie über den Zusammenhang zwischen Wechselgrund von Konsumenten der kognitiven Bewertung der Marke nach dem Ende der Markenbeziehung.
	Johnson, Matear, Thomson (2011)	Empirische Studie über den Zusammenhang zwischen der Selbstrelevanz der Markenbeziehung für Konsumenten und markenschädigendem Konsumentenverhalten nach dem Ende der Markenbeziehung.

[1)] Die dargestellte Auswahl umfasst Studien zum Ende von Markenbeziehungen. Aufgrund der begrenzten Anzahl an Veröffentlichungen, wurden bei der Recherche nach Studien zum Ende der Markenbeziehung alle Journals eingeschlossen, die in dem VHB-JOURQUAL2: Teilranking Marketing oberhalb des Medians liegen. Dies entspricht im Ranking mit einer Ausnahme allen A+ bis C Journals (Schrader und Hennig-Thurau, 2009). Bei der Recherche nach Studien zur Post-Trennungsphase bei Markenbeziehungen erfolgten keine Beschränkungen.

Mit ihrer Arbeit ergänzen Johnson, Matear und Thomson (2011) die Forschung von Gregoire und Fisher (2008) bei der gezeigt wird, dass Konsumenten auf Servicefehler oder nach fehlgeschlagenen Wiedergutmachungsaktivitäten von Unternehmen mit Vergeltung reagieren können. Aus ihrer Forschungsarbeit wird deutlich, dass sich

Konsumenten nach dem Ende der Markenbeziehung der Marke gegenüber verhalten. Allerdings liegt der Fokus der Studie auf dem Zusammenhang zwischen Selbstwertrelevanz der Marke und dem markenschädigenden Verhalten von Konsumenten.

Die Arbeit von Bogomolova (2010) untersucht den Markenwert aus Kundensicht. In ihrer Studie findet sie einen Zusammenhang zwischen dem kritischen Ereignis und der kognitiven Bewertung der Marke nach dem Ende der Markenbeziehung. Kunden, die beispielsweise aufgrund von Servicefehlern die Marke verlassen, bewerten die Marke in der rückblickenden Gesamtbeurteilung negativer und zeigen eine geringe Bereitschaft, die Beziehung wieder aufzunehmen als Kunden, die aufgrund eines besseren Angebotes des Wettbewerbers die Markenbeziehung beenden.

Insgesamt legen die vorliegenden Studien nahe, dass ein Zusammenhang zwischen der Beziehungsphase und Konsumentenreaktionen in der Post-Trennungsphase existiert. Sie zeigen, dass sich Konsumenten der Marke gegenüber nach dem Ende der Beziehung verhalten, beispielsweise durch negative Mund-zu-Mund Kommunikation oder sogar Vandalismus (vgl. Johnson, Matear und Thomson 2011) und dass eine kognitive Bewertung der Marke stattfindet. Während diese Erkenntnisse ein interessantes Licht auf die bisher kaum beachtete Post-Trennungsphase werfen, fehlt jedoch eine umfassende Betrachtung von Konsumentenreaktionen in der Post-Trennungsphase.

Die Post-Trennungsphase in Dienstleistungsbeziehungen

Angrenzende Forschungsfelder wie Dienstleistungsmarketing oder Business-to-Business-Marketing bieten bisher ebenfalls nur begrenzt empirische Ergebnisse zur Post-Trennungsphase aus Sicht des Konsumenten.

Eine Studie, die sich explizit mit dem Konsumentenverhalten nach dem Ende der Konsumentenbeziehung auseinandersetzt, ist die Studie von Wangenheim (2005). In seiner Studie untersucht er das Kommunikationsverhalten von Konsumenten nach einem Dienstleisterwechsel. Von den gewechselten Konsumenten eines Telefonanbieters sprechen 25% nach der Trennung negativ über ihre bisherige Beziehung und erzählen es im Durchschnitt etwas mehr als drei Personen. Dabei äußern sich ehemalige Konsumenten, die aufgrund ihrer Unzufriedenheit gewechselt haben, eher negativ als Konsumenten, die den Anbieter aufgrund eines besseren Angebotes verlassen haben. In seiner Studie macht Wangenheim deutlich, dass negative Kommunikation nach dem Ende der Beziehung dazu führen kann, dass der Kundenwert (CLV) eines Konsumenten auch nach dem Ende der Beziehung negativ werden kann. Dabei sollte es das Ziel von Unternehmen sein, nur Kundenbeziehungen zu haben, deren CLV größer als Null ist (Blattberg, Getz und Thomas 2001). Damit zeigt sich, dass Unternehmen auch nach dem Ende der Beziehung ein Verlust oder zusätzlicher Gewinn entstehen kann. Indem Konsumenten nach dem Ende der Beziehung positiv oder negativ über die Marke sprechen, verändert sich ihr CLV (Gregoire und Fisher 2008; Wangenheim 2005). Gleichfalls kann sich ihr CLV durch ihre Bereitschaft, die Konsumentenbeziehung wieder aufzunehmen, verändern.

Eine weitere Forschungsarbeit ist die explorative Studie von Coulter und Ligas (2000) mit fünf Tiefeninterviews über den Verlauf des Beziehungsendes von Dienstleistungsbeziehungen. Während der Schwerpunkt der Arbeit auf der Identifikation der unterschiedlichen Phasen des Beziehungsendes liegt, äußern die Befragten, dass sie unterschiedliche Wiederkaufsintentionen nach dem Ende der Dienstleistungsbeziehung haben und die Dienstleistung unterschiedlich positiv bzw. negativ wahrnehmen (vgl. ebf. Bogomolova 2010). Kunden, die aufgrund von Servicefehlern die Dienstleistungsbeziehung beenden, tendieren zu einer negativeren Betrachtung des Dienstleisters als Kunden, die aufgrund von persönlichen Gründen die Beziehung beenden. Einschränkend ist bei dieser Forschungsarbeit zu bemerken, dass die Informationen dabei sehr allgemein sind und keinen weiteren Aufschluss über die Post-Trennungsphase geben.

Die Post-Trennungsphase im Kundenrückgewinnungsmanagement

Die Bereitschaft, die Beziehung fortzuführen, wird auch innerhalb des Kundenrückgewinnungsmanagements untersucht. Diese untersuchen mögliche Maßnahmen zur Kundenrückgewinnung und deren Erfolg auf die Wiederkaufsbereitschaft (z.B. Homburg, Hoyer und Stock 2007; Stauss und Friege 1999; Thomas, Blattberg und Fox 2004). Thomas, Blattberg und Fox (2004) zeigen, dass eine dynamische Preisgestaltung den Rückgewinnungserfolg beeinflusst. Homburg, Hoyer und Stock (2007) legen dagegen den Schwerpunkt auf die wahrgenommene Gerechtigkeit der Rückgewinnungsmaßnahmen. Allgemein verdeutlichen Stauss und Friege (1999) in ihrer Studie zu „regaining customers" die Bedeutung der Kundenrückgewinnung mit dem erhöhten Wert der Konsumenten im zweiten Lebenszyklus.

Die Studien zeigen, dass ein beträchtlicher Anteil an ehemaligen Konsumenten zurückzugewinnen ist, ohne das bekannt ist, aus welchen Motiven Konsumenten zur Fortführung der Beziehung bereit sind. Griffin und Lowenstein (2001) beziffern in ihrem Buch „Customer winback" allgemein das Rückgewinnungspotential auf 20% bis 40% abhängig von der Branche (vgl. Thomas, Blattberg und Fox 2004). Homburg, Hoyer und Stock (2007) beziffern in ihrer Studie eine Rückgewinnungsquote von 62% der abgewanderten Konsumenten aus der Telekommunikationsbranche. Bruhn und Michalski (2003) kommen in einer Studie mit ehemaligen Konsumenten aus dem Bankensektor zu dem Schluss, dass knapp die Hälfte aller Befragten zur Fortführung der Beziehung bereit gewesen wäre.

Diese Studien zeigen, dass Konsumenten nach dem Ende der Markenbeziehung positiv oder negativ über die Marke sprechen und eine Wiederkaufsintention vorhanden sein kann. Dagegen geben die Studien keinen Aufschluss darüber, welche weiteren Verhaltensweisen, Emotionen oder Kognitionen ehemalige Konsumenten nach dem Ende der Markenbeziehung zeigen. Demzufolge ist ihr Erklärungsgehalt für die Post-Trennungsphase sehr begrenzt. Zusätzlich untersuchen diese Forschungsarbeiten das Thema Kundenrückgewinnung aus Sicht der Unternehmen. Die Perspektive des Konsumenten bleibt damit unberücksichtigt (Keaveney 1995).

2.3 Abschließende Bewertung und Definition der Post-Trennungsphase

Aus den vereinzelten Studien zum Ende von Marken- oder Dienstleistungsbeziehungen wird deutlich, dass sich Konsumenten nach dem Ende der Markenbeziehung der Marke gegenüber verhalten und die Marke verändert wahrnehmen. Gleichzeitig verdeutlichen die vorhergehenden Teilkapitel, dass kaum systematische Erkenntnisse über die Post-Trennungsphase vorliegen.

Eine Betrachtung der genannten Studien hinsichtlich einer eindeutigen Definition offenbart ebenfalls, dass bisher kaum weitergehende Erkenntnisse vorhanden sind. In den wenigen Studien, die sich mit Konsumentenreaktionen in der Post-Trennungsphase beschäftigen, wird der Begriff nur implizit durch die Nennung der Begriffe „post-switching" (Wangenheim 2005), „post-exit" (Johnson, Matear und Thomson 2011) oder „post-defection" (Bogomolova 2010) erklärt. Bogomolova (2010) ergänzt ihre Beschreibung, indem sie erloschene Kundenbeziehungen näher beschreibt: „Lapsed customers are those who used to buy a brand but have stopped doing so" (S. 1136). Allen genannten Studien ist gemein, dass sich die begriffliche Einordnung auf den Beziehungszustand bezieht und Emotionen, Kognitionen oder Verhaltensweisen ehemaliger Konsumenten nach dem Ende der Beziehung nicht mit einbezogen werden. Eine nähere Betrachtung der zuvor genannten Studien offenbart drei wesentliche, sich bedingende Elemente für eine vorläufige Definition der Post-Trennungsphase.

(I) Transaktion als Voraussetzung für eine Markenbeziehung

Allen genannten Studien ist gemein, dass die Markenbeziehung ebenfalls die Transaktion mit umfasst (vgl. Georgi 2000). Das bedeutet, dem Beziehungsbegriff liegen der Kauf sowie die Nutzung von Produkten oder Dienstleistungen zugrunde. In diesem Sinne wird nicht von einer Beziehung gesprochen, wenn keine Transaktion mit der Marke stattgefunden hat. Entsprechend wird in der vorliegenden Studie die Transaktion als Voraussetzung für eine Markenbeziehung definiert.

(II) Ende der Markenbeziehung resultiert aus dem Ende der Transaktion

Das Ende der Markenbeziehung wird in den vorliegenden Studien uneinheitlich definiert. Während beispielsweise in der Studie von Bogomolova (2010) das Ende der Markenbeziehung mit dem Ende der Transaktion einhergeht, gehört bei Coulter und Ligas (2000) auch die Zeit nach dem Ende der Transaktion zur Phase des

Beziehungsendes (vgl. Kapitel 2.2.2). Eine genauere Betrachtung zeigt jedoch, dass dies bei Coulter und Ligas (2000) ebenfalls eine eigenständige Phase ist. Entsprechend wird in der vorliegenden Studie das Ende der Transaktion als zweites wesentliches Element der Post-Trennungsphase definiert.

(III) Post-Trennungsphase als eigenständige Phase

Die vorliegenden Arbeiten unterscheiden zwischen der Zeit vor dem Ende der Markenbeziehung und der Zeit nach dem Ende der Markenbeziehung. Während Stauss (2000) die Zeit nach dem Ende der Beziehung und die Zeit vor dem Wiederbeginn einer neuen Beziehung als „Nicht-Beziehung" darstellt, wird in der Studie von Coulter und Ligas (2000) deutlich, dass die Post-Trennungsphase als eine eigenständige Phase innerhalb der Markenbeziehung zu begreifen ist. Entsprechend wird in der vorliegenden Studie als drittes wesentliches Element die Post-Trennungsphase als eine eigenständige Phase innerhalb der unterschiedlichen Phasen der Markenbeziehung definiert.

Ausgehend von den vorgenannten Elementen wird die Post-Trennungsphase von Markenbeziehungen in der vorliegenden Arbeit folgendermaßen definiert:

> Die Post-Trennungsphase beginnt mit der bewussten Beendigung der Konsumentenbeziehung. Der Konsument hat die Nutzung des Produktes oder der Dienstleistung eingestellt. Trotz des Endes der Konsumentenbeziehung können in dieser Zeit der Marke gegenüber noch Konsumentenreaktionen stattfinden.

Diese Definition impliziert, dass sich ehemalige Konsumenten über mehrere Jahre oder Jahrzehnte in einer Post-Trennungsphase befinden können. Zudem können sich die Beziehungsphase der neuen Markenbeziehung und die Post-Trennungsphase der bisherigen Markenbeziehung überschneiden.

3 Die Post-Trennungsphase aus sozialpsychologischer Sicht

Die bisher genannten Arbeiten zu Markenbeziehungen nutzen umfassend bestehende Erkenntnisse der sozialpsychologischen Literatur von Partnerschaften. Insbesondere zur Trennung von engen Beziehungen sowie zu der Zeit nach dem Ende von Beziehungen ist eine Vielzahl an Forschungsarbeiten erschienen. Daher ist es naheliegend und nur konsequent, auch für die Post-Trennungsphase Erkenntnisse aus der sozialpsychologischen Trennungsliteratur zu betrachten.

Das folgende Kapitel nutzt einen ähnlichen Aufbau wie das vorhergehende Kapitel zu Markenbeziehungen. In Kapitel 3.1 wird die Analogie zu zwischenmenschlichen Beziehungen hergestellt und es werden die Phasen der Post-Trennungsphase betrachtet. In Kapitel 3.2 werden als Stand der Forschung zur Post-Trennungsphase die wesentlichen Themen, die mit dem Ende einer Beziehung und der Post-Trennungsphase einhergehen, aufgezeigt. Aufgrund der umfassenden empirischen Untersuchung der Post-Trennungsphase in zwischenmenschlichen Beziehungen, ist diese Phase theoretisch eingebettet. Entsprechend werden wesentliche theoretische Grundströmungen zur Erklärung von Reaktionsweisen in der Post-Trennungsphase in Kapitel 3.3 kurz aufgeführt. Das Kapitel schließt in 3.4 mit einer Betrachtung der Übertragbarkeit der Erkenntnisse aus der sozialpsychologischen Forschung auf die Markenbeziehung.

3.1 Die Post-Trennungsphase in Partnerschaften

3.1.1 Die Partnerschaft als Analogie für Markenbeziehungen

Für die Beziehungs- wie auch für die Auflösungsphase bei Konsumentenbeziehungen wird vielfach auf die Sozialpsychologie von Partnerschaften Bezug genommen (z.B. Aaker, Fournier und Brasel 2004; Fournier 1998; Halinen und Tähtinen 2002; Michalski 2004). Wohl nicht zuletzt, weil schon früh Autoren wie

Berry, Levitt und Parasuraman empfohlen haben, wichtige Konsumentenbeziehungen mit einer Ehe zu vergleichen (vgl. Hunt und Morgan 1994).

Entsprechend wurden immer wieder Ähnlichkeiten zwischen Paarbeziehungen und Konsumentenbeziehungen herausgestellt. Dwyer, Schurr und Oh (1987) begründen die Angemessenheit dieser Analogie folgendermaßen: „Within the husband-wife relationship the benefits of companionship, [...] personal growth, shared household maintenance, and social support are only one side of the ledger. On the other side marriage typically [...] brings expanded responsibility, demands care and nurturance, and can entail costly dissolution. Buyer-seller relations involve analogous benefits and costs" (S.14).

Innerhalb der Marketingliteratur wurde nicht nur auf die Vergleichbarkeit von Paar- und Konsumentenbeziehungen Bezug genommen. Auch der Verlauf von Konsumentenbeziehungen wurde anhand existierender psychologischer Modelle über soziale Beziehungen erklärt. Für die Darstellung des Beziehungsendes einer Konsumentenbeziehung wurden häufig Prozessmodelle aus der psychologischen Trennungsliteratur angewendet (z.B. Coulter und Ligas 2000; Dwyer, Schurr und Oh 1987; Fajer und Schouten 1995). In der psychologischen Trennungsliteratur existiert eine Vielzahl an Studien, die den Trennungsprozess und die Zeit nach der Trennung untersuchen. Aufgrund der bisher verwendeten Analogie der Paarbeziehung ist es konsequent, für die spätere explorative Untersuchung der Post-Trennungsphase von Markenbeziehungen bestehende Forschungsarbeiten zur Trennung der Paarbeziehung als Literaturgrundlage zu nutzen.

3.1.2 Phasen- und Prozessmodelle der Trennung

In Markenbeziehungen wurde die Phase des Beziehungsendes bis auf vereinzelte Ausnahmen hauptsächlich bis zum Verlassen der Marke bzw. dem Abbruch der Geschäftsbeziehung dargestellt und untersucht. Im Gegensatz dazu spielt in der psychologischen Trennungsforschung die Zeit nach dem Ende der Partnerschaft eine große Rolle. Entsprechend finden sich in der psychologischen Trennungsliteratur unterschiedliche Prozess- und Phasenmodelle, die ebenfalls die Zeit nach dem Ende der Partnerschaft mit abbilden (Lenz 2009).

Es gibt eine Vielzahl an unterschiedlichen Modellen, die den Verlauf des Beziehungsendes beschreiben. In den 80ern haben Baxter (1984), Duck (1982) und Lee (1984) jeweils unterschiedliche Modelle über den Verlauf des Beziehungsendes entwickelt. Besonders in der Konsumentenliteratur, die sich mit dem Verlauf des Beziehungsendes beschäftigt, wird vielfach auf das Modell von Duck (1982) Bezug genommen (z.B. Coulter und Ligas 2000; Dwyer, Schurr und Oh 1987; Halinen und Tähtinen 2002; Ping und Dwyer 1992). Während die Herangehensweise bei Duck auf einer konzeptuellen Analyse basierte, haben Baxter (1984) und Lee (1984) ihre Modelle auf der Grundlage von Fallstudien oder empirischen Ergebnissen entwickelt. Auch wenn sich die Modelle hinsichtlich der Anzahl der einzelnen Phasen und der konkreten Ausgestaltung dieser Phasen unterscheiden, so lassen sich für den Verlauf des Beziehungsendes Gemeinsamkeiten finden.

Nach diesen Modellen lässt sich der Verlauf des Beziehungsendes schematisch in eine *Erkennungsphase* (discovery of the problem), *Phase der Bekanntmachung* (exposure), *Verhandlungsphase* (negotiation), *Veränderungsphase* (transformation) sowie eine *Bewältigungsphase* (grave dressing) unterteilen (Brehm et al. 2002).

Alle Modelle starten mit dem *Erkennen des Problems*. Dies kann eine graduelle Erkenntnis über Schwierigkeiten in der Beziehung beinhalten wie auch ein singuläres Ereignis innerhalb der Partnerschaft sein. In dieser Phase kommt es zu einer Neubewertung der Partnerschaft. Das Verhalten des Partners wird bewertet, Kosten und Nutzen der Partnerschaft wie auch ein Beenden der Partnerschaft werden abgewägt. In der *Phase der Bekanntmachung* wird der Wunsch nach dem Beziehungsende indirekt oder direkt geäußert, indem sich der unzufriedene Partner der Beziehung entzieht oder direkt mitteilt, dass er unzufrieden ist und eine Trennung anstrebt (oder direkt das Trennungsende bekannt gibt). Nachdem die Bekanntmachung des Problems erfolgt ist, kann sich eine *Verhandlungsphase* anschließen. In dieser Phase wird über eine Lösung nachgedacht, die ebenfalls noch die Umkehr und eine Fortführung der Beziehung beinhalten kann. Die Partner versuchen mit ihrem Stress und ihren Ambivalenzen umzugehen. Dabei kann es passieren, dass sich die Uneinigkeit verstärkt. Die *Veränderungsphase* geht mit äußeren Veränderungen einher wie beispielsweise der sichtbaren Trennung. Im Mittelpunkt dieser Phase steht nicht mehr die Beziehung oder die Interaktion innerhalb der Beziehung, sondern die individuelle Zukunft des Einzelnen. Es kann zu physischem oder psychischem Stress kommen. Der Verlust des Partners und der Beziehung wie auch die Veränderung des eigenen Status stehen hier im Mittelpunkt und können in der Folge das eigene Selbstwertgefühl und die eigene Identität beeinflussen. In dieser Phase beginnt zumeist ein Trauerprozess über den Verlust. Das Beziehungsende wird öffentlich gemacht und das soziale Netzwerk über das Beziehungsende informiert. In dieser Phase wird die unterschiedliche oder gemeinsam entwickelte Trennungsgeschichte kommuniziert. Nach Duck (1982) versucht jeder Partner seine Geschichte zu verkaufen, um so einen Gesichtsverlust zu verhindern. In der *Bewältigungsphase* ist es das Ziel, über den Verlust der Beziehung hinweg zu kommen und die Beziehung sowie den Ex-Partner hinter sich zu lassen. Die Erinnerungen werden aufgeräumt und rückwirkend angepasst, so dass am Schluss eine stimmige Geschichte über den Beziehungsverlauf vom Beziehungsbeginn bis hin zum Beziehungsende existiert. In dieser Phase finden häufig Vereinfachungen und Rationalisierung statt. Einschränkend ist zu bemerken, dass diese Phasen als prototypische Phasen zu begreifen sind. Nicht immer kommen alle Phasen vor oder laufen in dieser Reihenfolge ab. In der Realität überlappen sich die einzelnen Phasen, weshalb Rollie und Duck (2006) in einer neueren Fassung das Modell angepasst haben und die Phasen als Prozesse bezeichnen.

Die Bedeutung der zeitlichen Komponente nach dem Ende der Beziehung zeigt sich deutlich an der empirischen Langzeitstudie von Wallerstein, Lewis und Blakeslee (2000). In ihrer Studie, die auf einem Untersuchungszeitraum von über 25 Jahren basiert, unterscheiden sie drei Phasen der Trennung: (1) *akute Phase*, (2) *Phase des Umbruchs*, (3) *Phase der Stabilisierung*. In ihrem Modell ist die *akute Phase* während der Trennung durch emotionalen Aufruhr gekennzeichnet. Es müssen nicht nur die negativen Gefühle über den Verlust der Beziehung bewältigt werden, sondern häufig zusätzlich die noch bestehende Zuneigung dem Partner gegenüber. Zumeist dauert diese Phase ein bis zwei Jahre nach der Trennung. Danach beginnt die *Phase des*

Umbruchs. Die Trennung und das neue Leben werden akzeptiert. In dieser Phase wechseln die Emotionen zwischen Heiterkeit über die neue Unabhängigkeit und großer Trauer über das Ende der Beziehung. Die *Phase der Stabilisierung* beginnt meistens drei bis fünf Jahre nach der Trennung. Es ist eine Phase, in der sich der getrennte Partner vom bisherigen Partner entkoppelt, die Bindung abnimmt und eine unabhängige Identität aufgebaut wird. An diesem Modell wird deutlich, dass die Auflösung einer Beziehung und das psychische Ende der Beziehung ein langwieriger Prozess ist, der mehrere Jahre andauern kann (vgl. Werneck 2004).

Die bisher genannten psychologischen Trennungsmodelle verdeutlichen, dass Beziehungen nicht mit der Trennung beendet sind, sondern relevante partnerbezogene Reaktionen nach der Trennung stattfinden. Das folgende Kapitel beleuchtet die unterschiedlichen Reaktionen der Partner nach dem Beziehungsende.

3.2 Die Post-Trennungsphase nach dem Ende einer Partnerschaft

3.2.1 Ebenen der Post-Trennungsphase

Das Beziehungsende oder der Verlust einer wichtigen Partnerschaft gilt als eines der stresserzeugendsten Ereignisse von Menschen (Brehm et al. 2002). Es kann mit intensiven emotionalen, psychischen und ökonomischen Veränderungen einhergehen. Die Trennung zwischen zwei Partnern wird in der psychologischen Literatur mehrheitlich als langwieriger Prozess angesehen, der vor der juristischen Scheidung beginnt und danach über einen längeren Zeitraum andauert (Bohannon 1970; Clarke-Stewart und Brentano 2006; Rollie und Duck 2006).

Das Ende von Paarbeziehungen impliziert eine Trennung auf mehreren Ebenen (Coleman, Ganong und Leon 2006). Neben der rechtlichen und wirtschaftlichen Trennung steht die elterliche, soziale, emotionale und psychische Trennung. Die rechtliche und wirtschaftliche Trennung gehören zu den sichtbarsten Bereichen einer Trennung. Sofern zuvor eine Ehe bestand, wird diese mit der Scheidung juristisch beendet. Die gemeinsamen Güter werden aufgeteilt, der gemeinsame Wohnraum aufgegeben und die Finanzen auseinander dividiert. Am Ende sind beide Partner wirtschaftlich getrennte Einheiten. Hierzu gehören ebenfalls finanzielle Vereinbarungen über Unterhaltsleistungen für den Partner.

Besonders schwierig ist die elterliche Trennung mit den einhergehenden Sorgerechtsregelungen und den Unterhaltsleistungen für die Kinder. Zudem kommt es zusätzlich zumeist zu einer sozialen Trennung, da sich das gemeinsame Netzwerk verändert. Der Kontakt zum Familiennetzwerk des Partners wandelt sich und einige Bekannte oder Freunde bleiben nur noch mit einem der beiden Partner befreundet (Coleman, Ganong und Leon 2006). Die emotionale Trennung umfasst den Prozess der Bindungsauflösung, bei dem sich die vormals enge und intime Bindung dem Partner gegenüber in eine neutrale Bindung umwandelt. Die Partner entfernen sich voneinander und werden einander gleichgültig (Kayser 1993). Für die psychische Trennung ist es wichtig, das eigene Selbst von der Persönlichkeit und dem Einfluss des bisherigen Partners zu lösen, um eine vom Partner unabhängige Identität aufbauen zu können (Lenz 2009). Die psychische Trennung beinhaltet die Veränderung und Anpassung der Identität an die neue Situation. Rollen, mit denen sich ein Partner bisher identifiziert hat, müssen verändert und angepasst werden. Gleichermaßen müssen Gewohnheiten und Routinen verändert werden. Die emotionale und psychische Trennung werden als die schwierigsten Bereiche der Trennung angesehen (Bohannon 1970).

Ähnlich wie Dwyer, Schurr und Oh (1987) hinsichtlich der Vergleichbarkeit von Ehe und Geschäftsbeziehung argumentieren, zeigt es sich, dass bei einer Trennung die ökonomischen, finanziellen und sozialen Auswirkungen nur eine Seite der Trennung bilden. Auf der anderen Seite spielen die emotionale und psychische Bewältigung der Trennung eine wichtige Rolle. Aufgrund fehlender Erkenntnisse innerhalb der bestehenden Marketingliteratur sind für die vorliegende Studie die Ergebnisse aus der psychologischen Trennungsliteratur daher besonders von Interesse. Wie eingangs anhand der Aussage von Marion und ihrer Yves Roche-Markenbeziehung deutlich wurde, können auch bei Markenbeziehungen die psychische und emotionale Bewältigung des Beziehungsendes sowie des kritischen Ereignisses von hoher Bedeutung sein.

3.2.2 Anpassungsreaktionen nach dem Beziehungsende

Die Trennung vom Partner bedeutet einen Verlust, den des Partners und der vertrauten Umgebung. Das gilt unabhängig davon, ob die Trennung als befreiend empfunden wird oder nicht (Emery 1994; Lenz 2009). Verloren sind die gemeinsamen Ziele, aber auch ein Teil der bisherigen Identität. Besonders die psychische Trennung ist mit einem hohen Leiden für den Einzelnen verbunden, mehr als die später folgende juristische Trennung (Clarke-Stewart und Brentano 2006).

Für das Ende der Beziehung lassen sich zwei getrennte, sich einander jedoch überschneidende Bewältigungsaufgaben bestimmen: die Anpassung an das Beziehungsende und der Aufbau eines vom bisherigen Partner losgelösten Lebens (Lenz 2009). Neben der finanziellen, wirtschaftlichen und sozialen Unterstützung ist dabei von zentraler Bedeutung, die bestehende Bindung vom Partner aufzulösen und eine partnerunabhängige Identität zu entwickeln. Während und nach der Trennung werden hierbei unterschiedliche Bewältigungsstrategien angewendet und Verantwortungszuschreibungen vorgenommen, welche das Wohlbefinden und die Anpassung an die Trennung beeinflussen (Bohannon 1970; Clarke-Stewart und Brentano 2006; Emery 1994; Wang und Amato 2000).

Auflösung der Bindung

Nach dem Ende der Beziehung ist es wichtig, die bestehende Bindung aufzulösen. Obwohl unterschiedliche Ursachen zu einer Trennung führen, fühlt sich eine Vielzahl der Partner nach der Trennung noch zum ehemaligen Partner hingezogen (Clarke-Stewart und Brentano 2006). Während der Beziehung bauen Partner zumeist eine enge und intensive Bindung zueinander auf, die sich mit der Eltern-Kind-Bindung vergleichen lässt (Brehm et al. 2002; Weiss 1975). Basierend auf der Bindungs-Theorie von Bowlby (1969, 1973), die sich mit der Eltern-Kind-Bindung beschäftigt, wurde der Begriff Bindung zunehmend für die Beschreibung der Bindung zwischen Beziehungspartnern verwendet (vgl. Weiss 1975). Nach der Bindungs-Theorie wird zu einigen wenigen bedeutsamen Beziehungspartnern eine starke emotionale Bindung entwickelt, die auch nach dem Ende einer Beziehung fortbestehen kann.

Für eine Anpassung an das Beziehungsende muss die Bindung erst aufgelöst werden (Berscheid und Regan 2005).

Weiss (1975) hat diesen Aspekt in seiner wegweisenden Arbeit für die Trennungsliteratur untersucht. Eines seiner bedeutsamsten Ergebnisse war, dass sich Partner unabhängig von den Trennungsgründen und selbst nachdem die Gefühle von Liebe und Zuneigung verblasst sind, innerlich noch an den ehemaligen Partner gebunden fühlen. Selbst Partner, die schon in einer neuen Beziehung sind, fühlen sich dem ehemaligen Partner noch zugehörig. Neben Wut und Angst äußerten die Befragten in seiner Studie positive Gefühle dem ehemaligen Partner gegenüber und fühlten sich einsam ohne ihren Partner. Weiss (1975) hat dieses Phänomen „Trennungsschmerz" genannt und beschreibt es als „[...] response to the intolerable inaccessibility of the attachment figure" (S. 131).

Nach dem Ende der Beziehung führen die getrennten Partner häufig eine Art Fantasiebeziehung mit dem ehemaligen Partner fort und zeigen vielfach ein Bedürfnis nach Wiedervereinigung (Beelmann und Schmidt-Denter 2003; Clarke-Stewart und Brentano 2006). Basierend auf den Arbeiten von Weiss (1975) beschreibt Berman (1988a) Bindung nach dem Beziehungsende als wiederkehrende Gedanken an den Partner, ein Gefühl von Leere, als würde ein Teil von einem selbst fehlen, Einsamkeit, Bedürfnis nach Kontakt mit dem Partner oder positive Gefühle dem Partner gegenüber.[4]

Spanier und Casto (1979) betrachten zusätzlich Aspekte wie Erleichterung über die Trennung, Sehnsucht nach dem Partner und Gefühle dem Partner gegenüber. Dabei unterscheiden sie zwischen „mild affect", was kein Gefühl dem Partner gegenüber oder maximal ein Mögen des Partners beinhaltet und „strong affect", was Liebe, Hass oder beides gleichzeitig beinhaltet. Tschann, Johnston und Wallerstein (1989) unterscheiden bei „strong affect" eine positive und negative Bindung. Eine positive

[4] Die Arbeiten von Bowlby (1969, 1973) und auch spätere Arbeiten, die sich mit dem Verhalten in der Paarbeziehung beschäftigen (z.B. Hazan und Shaver 1992), stellen die frühkindlich erworbenen Bindungsstile, die auf den Dimensionen Angst und Vermeidung basieren, in den Mittelpunkt. Sicheres oder ängstlich-ambivalentes Verhalten in späteren Beziehungen ist danach ein Resultat des frühkindlichen Bindungsstils mit einer engen Bezugsperson. Im Gegensatz dazu untersuchen Studien, die sich mit der Bindung nach dem Ende der Beziehung beschäftigen, unabhängig von dem bisherigen Bindungsstil, ob überhaupt eine Bindung nach dem Ende einer Beziehung besteht.

Bindung wird als wiederkehrende Gedanken an den Partner sowie den Wunsch nach Fortführung der Beziehung beschrieben. Eine negative Bindung beinhaltet zusätzlich Aspekte wie negative Gefühle (z.B. Ärger), Schuldzuschreibung für die Trennung sowie die Unfähigkeit, gleichzeitig positive und negative Seiten des Partners anzuerkennen. Fortbestehender Ärger oder Feindlichkeit werden dabei als Zeichen für eine fortbestehende Bindung gesehen (Hetherington und Kelly 2002). Die Intensität der Beziehung kann aufrechterhalten werden, indem der Partner trotz der Trennung weiterhin emotional in die Beziehung involviert bleibt.

Die Reaktionen auf die Trennung können sich ambivalent und widersprüchlich gestalten. Gefühle von Wut, Zorn, Bitterkeit und Ohnmacht stehen neben Liebe, Fürsorge, Sehnsucht und Vermissen (Clarke-Stewart und Brentano 2006; Spanier und Casto 1979). Neben der Erleichterung, dass die Trennung geschafft ist oder dem Gefühl von Neubeginn, das mit positiven Emotionen und einer gehobenen Stimmung einhergeht, zeigen sich immer wieder negative Gefühle dem ehemaligen Partner gegenüber. Es ist nicht ungewöhnlich, dass dem Wunsch nach Wiedervereinigung und Fortführung der Beziehung ein Wutausbruch über das Partnerverhalten folgt (Brehm et al. 2002). Das Auflösen der emotionalen Bindung dauert zumeist über eine längere Zeit an. Über die Zeit nimmt die Intensität der Emotionen sowie der schnelle Wechsel der ambivalenten Gefühle ab (Emery 1994; Wallerstein, Lewis und Blakeslee 2000). Die Bedeutung des ehemaligen Partners und seine Rolle als einst wichtigste Bezugsperson verringern sich. Beendet ist die Auflösungsphase, wenn sich Partner als voneinander unabhängig definieren und auch von ihrem Umfeld so wahrgenommen werden (Vaughan 1988).

Die meisten Studien zeigen einen negativen Zusammenhang zwischen Bindung nach der Trennung und Wohlbefinden (z.B. Berman 1988a; Berman 1988b; Tschann, Johnston und Wallerstein 1989). Je intensiver die Bindung nach dem Ende der Trennung ist, desto niedriger sind das Wohlbefinden und die Anpassung an die neue Situation (Clarke-Stewart und Brentano 2006; Kitson und Holmes 1992; Masheter 1991). Partner, die sich noch immer ihrem bisherigen Partner verbunden fühlen, zeigen höhere Depressionswerte (Kitson und Holmes 1992). Menschen, die sich gedanklich ständig mit dem Partner beschäftigen und dies als nicht steuerbar erleben, zeigen zwei Jahre nach der Trennung ein niedriges Niveau von Wohlbefinden (Masheter 1991). Einschränkend bemerkt Masheter (ebd.), dass dies abzugrenzen ist von einer Zuneigung zum Partner, bei der man an die positiven Seiten der Beziehung denkt.

Aufbau einer partnerunabhängigen Identität

Neben der Auflösung der bestehenden Bindung spielt die Anpassung der bisherigen Identität eine wichtige Rolle nach dem Ende der Beziehung. Dabei ist die Auflösung der Bindung wichtig, um eine neue Identität aufbauen zu können. „Although emotional disengagement may engender feelings of loss [...] detaching from the relationship is necessary for regaining psychological autonomy and establishing a new identity“ (Clarke-Stewart und Brentano 2006, S. 58).

Die Auflösung der Bindung dem Partner gegenüber ist ein langwieriger Prozess, in dem sich der Einzelne wieder als Einzelperson definiert. Insbesondere eine Trennung von Beziehungen, die sich durch eine lange Beständigkeit auszeichnen, führen zu starken Veränderungen hinsichtlich der Identität der Beteiligten. Während der Partnerschaft hat sich eine gemeinsame Identität herausgebildet und das Selbst des anderen wird integraler Bestandteil des eigenen Selbst. Für eine gute Bewältigung der Beziehung ist es wichtig, nach der Trennung eine eigenständige Identität zu entwickeln, die unabhängig vom bisherigen Partner und der Partnerschaft ist. Beispielsweise identifizieren sich nicht berufstätige Partner mit dem berufstätigen Partner und beziehen so einen Teil des Selbstwerts über die Erfolge und den Status des anderen (Hetherington und Kelly 2002).

Abhängig davon, wie eng die Beziehung war und wie sehr der Partner die eigene Identität bestimmt hat, ist der Wandel im Aufbau einer neuen Identität unterschiedlich stark. Demzufolge führt er auch zu unterschiedlichem Ausmaß an Leid. Die offene Aberkennung des Ranges, Hauptfigur im Leben des anderen zu sein, stellt eine tiefgreifende Ablehnung und Entwertung der eigenen Person dar. Die eigene Identität mit den wahrgenommenen Kompetenzen sowie ein attraktiver und begehrenswerter Beziehungspartner zu sein, wird durch die Auflösung der Trennung in Frage gestellt

(Lenz 2009). In der Scheidungsliteratur zeigen einige Studien (z.B. Bloom, Asher und White 1978; Hetherington und Kelly 2002), dass insbesondere diejenigen Partner die Trennung schlechter bewältigen, die sich in der Beziehung besonders mit dem Partner identifiziert haben. Umgekehrt zeigte sich, dass Partner mit einer größeren eigenständigen Identität in der Beziehung unabhängiger waren und durch eigene Erfolge und eigene Aktivitäten die Trennung leichter bewältigen können (Carr 2004).

Verantwortungszuschreibung für die Trennung

Die Auflösungsphase ist durch einen hohen Bedarf an Rechtfertigungen, Erklärungen und Reinterpretationen der Paargeschichte gekennzeichnet. Die Entwicklung einer öffentlich kommunizierbaren Trennungsgeschichte scheint eine notwendige Voraussetzung für die Bewältigung des Beziehungsendes zu sein (Lenz 2009). Notwendige und selbstwertrelevante Aspekte, wie beispielsweise das Bedürfnis, das eigene Gesicht zu wahren und innerhalb des sozialen Netzes positiv wahrgenommen zu werden, führen dazu, dass die Trennungsgeschichte des Einzelnen immer eine subjektive Konstruktion der erlebten Geschehnisse ist. Diese muss nicht unbedingt mit den tatsächlichen Gegebenheiten übereinstimmen.

Neben der Schuldzuschreibung während des Trennungsprozesses und der Post-Trennungsphase versuchen die getrennten Partner, das Geschehene in eine sinnhafte Geschichte zu integrieren (Harvey und Fine 2006). In ihrer Darstellung der Trennungsgeschichte stellen die Befragten nicht nur ihre subjektiven Ursachen und Gründe für das Ende der Beziehung heraus. Ihre Erzählungen beinhalten immer eine direkte oder implizite Zuschreibung von Verantwortlichkeiten für die Trennung. Account making ist der Akt des Erklärens, Beschreibens und emotionalen Reagierens auf maßgebliche stressverursachende Ereignisse (Harvey, Orbuch und Weber 1992). Es kann als Erweiterung der bisherigen Attributionstheorie gesehen werden.[5] Die erlebten Ereignisse werden in einen sinnhaften Zusammenhang gebracht, indem aus dem Erlebten eine Story mit Plot, Storyline, Affekt und

[5] Im Gegensatz zur Verantwortungszuschreibung (Attribution) werden Accounts weiter gefasst und beinhalten neben der kognitiven Verantwortungszuschreibung zusätzlich die emotionale und soziale Funktion der Verantwortungszuschreibung (vgl. ausführlich Orbuch 1997).

Attribution wird (Harvey und Fine 2006). Eine Vielzahl an sozialpsychologischen Studien zeigt, dass Menschen in Abhängigkeit der Attribution unterschiedliche Verhaltensweisen zeigen (Fincham 2001). Menschen bewältigen die Trennung schlechter, wenn sie dem Partner die Schuld an dem Beziehungsende geben (z.B. Clarke-Stewart und Brentano 2006; Gray und Silver 1990; Tashiro und Frazier 2003).[6] Mehr noch als Attributionen erfüllen Accounts unterschiedliche Funktionen wie beispielsweise den Schutz des eigenen Selbstwertes, Erhöhung der eigenen Kontrolle oder die emotionale Bewältigung des Erlebten.

Im Gegensatz zu Attributionen geht es beim Account making nicht nur um die Schuldzuweisung, sondern zusätzlich um die Erstellung einer kohärenten Geschichte, die auch Dritten gegenüber kommuniziert werden kann (Orbuch 1997). Solch eine Geschichte ermöglicht es, Ereignisse in einen sozial akzeptablen Kontext zu bringen und das eigene Gesicht zu wahren oder durch die Selbstdarstellung als Geschädigter soziale Unterstützung zu bekommen. Abhängig davon, wessen Verantwortung in den Vordergrund gestellt wird, gestaltet sich damit die eigene Rolle entweder als aktiver Part, der die Trennung mit beeinflusst hat, oder als Geschädigter. Dabei bekommen die Geschädigten mehr Aufmerksamkeit und soziale Unterstützung aus ihrem Umfeld und bieten die Möglichkeit, sich emotionale Entlastung zu schaffen.

Bewältigungsstrategien nach der Trennung

Um mit dem erlebten Stress umzugehen, der durch die Veränderung der Situation und den Verlust von Partner und Partnerschaft entsteht, zeigen Menschen eine Vielzahl an unterschiedlichen Bewältigungsstrategien (coping). Nach Lazarus und Folkman (1984) kann Coping als "[...] cognitive and behavioral efforts to manage specific external and/or internal demands that are appraised as taxing or exceeding the resources of the person [...]" (S.141) beschrieben werden. Eine erfolgreiche Anpassung an eine stresserzeugende Situation beinhaltet dabei Strategien, bei

[6] Ähnliche Zusammenhänge zwischen Schuldzuweisung und Emotionen oder Verhalten lassen sich auch in der Literatur zu Service- und Produktfehlern finden. Bei der Schuldzuweisung von Unternehmensfehlern sind Zusammenhänge zwischen Vergeltungsbedürfnis und Schuldzuweisung, Wut und Schuldzuweisung oder Schuldzuweisung und negativer Mund-zu-Mund Kommunikation gefunden worden (z.B. Folkes 1984; Menon und Dubé 2004; Richins 1983).

denen der Einzelne seine Emotionen reguliert, konstruktive Denkstrategien anwendet, sein Verhalten anpasst oder ändert, aufsteigende Erregung kontrolliert und auf sein Umfeld einwirkt, um die Stressquelle zu reduzieren (Compas et al. 2001; Lazarus 1999).

In ihrer Arbeit unterscheiden Lazarus und Folkman (1984) zwischen problem- und emotionsfokussierten Coping. Problemfokussiertes Coping setzt am Stressor an und versucht durch Verhalten dem Stressor gegenüber, die Situation zu verändern. Dazu gehören beispielsweise Strategien wie „Initiativen, um die Situation zu verändern", „Problemlösestrategien" oder „Informationssuche, um die Situation besser zu verstehen". Emotionsfokussiertes Coping dagegen versucht, die begleitenden Emotionen zu reduzieren, indem „Unterstützung im Umfeld" gesucht, „sich über das Erlebte Luft gemacht" oder „die Stressquelle vermieden" wird.

Neben den Dimensionen „problemfocused vs. emotionfocused coping" werden häufig auch die Dimensionen „engagement vs. disengagement coping" und „primary vs. secondary control coping" verwendet (für einen Überblick siehe Compas et al. 2001; Skinner et al. 2003). Die Unterscheidung zwischen „engagement vs. disengagement coping" basiert auf dem „fight-flight" Ansatz, der sich dahingehend unterscheidet, ob sich jemand dem Stressor zuwendet oder abwendet. „Engagement coping" beinhaltet gezielte Versuche, die Situation oder begleitende Emotionen zu bewältigen. „Disengagement coping" beinhaltet, sich vom Stressor und den begleitenden Gefühlen zu distanzieren. Die Unterscheidung zwischen „primary vs. secondary control coping" betrachtet die Copingziele. Bei „primary control coping" ist es das Ziel, den Stressor oder zugehörige Emotionen mit Strategien wie „Problemlöseverhalten" oder „Emotionsregulation" zu verändern. „Secondary control coping" wird genutzt, um die Anpassung an die stresserzeugende Situation zu erreichen mit Strategien wie beispielsweise Akzeptanz oder kognitiver Restrukturierung.

Obwohl einzelne Copingstrategien nicht entweder nur schädigend oder nur vorteilhaft sind, zeigt sich, dass aktive Copingstrategien (z.B. „problem-focused coping", „engagement coping" und „primary control coping") üblicherweise besser physische und mentale Gesundheit vorhersagen als vermeidende und emotions-fokussierte

Copingstrategien (Compas et al. 2001). Bei Studien, die sich direkt mit Copingstrategien in der Post-Trennungsphase beschäftigen, wird emotionsfokussiertes Coping in Zusammenhang mit einem erhöhten Leiden gesehen (Folkman und Moskowitz 2004). Gleichermaßen zeigt Mearns (1991) in seiner Studie, dass Menschen mit aktiven Copingstrategien nach einer Trennung weniger an Depressionen leiden. Allerdings sind die Ergebnisse nicht einheitlich. Folkman und Moskowitz (ebd.) sehen dies in der Operationalisierung des Coping begründet.

3.2.3 Auswirkungen der Trennungsrollen

Implizit unterscheiden die psychologischen Trennungsmodelle zwei Rollen, die für das Verständnis der Reaktionen in der Post-Trennungsphase wichtig sind: die Rolle des Initiators und die Rolle des Verlassenen (Lenz 2009). Während der Initiator schon vor der Trennung eine Phase intensiver Emotionen und Verarbeitungsprozesse durchleben kann, beginnt diese Phase für den Verlassenen im schlimmsten Fall erst mit der unerwarteten Bekanntgabe des Beziehungsendes. Die Rolle, die man in der Trennungsphase einnimmt, entscheidet nachhaltig darüber, wie die Trennung verkraftet wird – „[...] der Initiator ist grundsätzlich im Vorteil“ (Vaughan 1988, S. 191). Partner, die die Trennung initiiert haben, zeigen eine bessere Anpassung nach der Trennung als diejenigen, die die Beziehung gerne aufrechterhalten hätten (Amato 2000; Frazier und Cook 1993; Gray und Silver 1990; Sprecher et al. 1998). Dabei denken die Initiatoren eher, dass die Trennung eine gute Entscheidung war (Wang und Amato 2000). Häufig berichten die Initiatoren über ihre positiven Aussichten, während bei den Verlassenen das Gefühl der Verlassenheit und ihre Verletzbarkeit überwiegen (Spanier und Thompson 1984). Der Initiator hat schon viel früher die negativen Seiten der Beziehung im Blick und richtet verstärkt seine Aufmerksamkeit darauf. Die Betonung der negativen Seiten erleichtert es dem Initiator, die Bindung schon vor Beziehungsende zu verringern und abzubauen. Gleichzeitig kann der Initiator Schritt für Schritt Aktivitäten außerhalb der Beziehung entwickeln. Damit kann er bereits vor dem Beziehungsende mit dem Aufbau eines vom Beziehungspartner unabhängigen Lebens beginnen. Dies unterstützt auch den notwendigen Prozess der Erneuerung oder Anpassung der eigenen Identität.

Sprecher et al. (1998) differenzieren den aktiven Part in der Trennung weiter. Sie unterscheiden zwischen dem Initiator (derjenige, der die Trennung einleitet) und dem Verantwortlichen (derjenige, dem die Verantwortung für das Beziehungsende gegeben wird). Diese Unterscheidung spielt eine besondere Rolle, wenn es zu einer „ambivalenten Trennung" (Sagstetter 1989) kommt. Der Begriff „ambivalente Trennung" bezeichnet eine Trennung, die trotz hoher Bindung dem Partner gegenüber unfreiwillig beendet werden muss, da die Beziehung durch die erheblichen negativen Auswirkungen (z.B. Sucht des Partners, Gefährdung) nicht mehr aufrechterhalten werden kann. Hier kann es für den Initiator auch in der Post-Trennungsphase zu einer starken Belastung kommen, da die Trennung aufgrund der negativen Auswirkungen betrieben wird, obwohl sich der Partner stark gebunden fühlt. Über die Zeit hinweg verringern sich die Unterschiede zwischen Initiator und Verlassenem und es lassen sich keine signifikanten Unterschiede mehr finden (Hetherington und Kelly 2002).

3.2.4 Beziehungsformen nach dem Ende der Beziehung

Die psychologische Trennungsliteratur offenbart unterschiedliche Beziehungsformen zwischen den ehemaligen Partnern in der Post-Trennungsphase. Es lassen sich Formen von Feindschaft bis Freundschaft oder wiederholte Partnerschaft finden.
Ein zentrales Problem auf dem Weg einer Versöhnung ist die Wiederherstellung des Vertrauens in die andere Person und in die Beziehung. Dies ist nur möglich, wenn sich die Verletzungen in der Trennungsphase in Grenzen gehalten haben (Busboom et al. 2002). Einige Studien beschäftigen sich mit der Möglichkeit einer Freundschaft nach dem Ende der Beziehung. Diese ist gegeben, wenn für beide Seiten die Beziehung noch von Nutzen ist, also beispielsweise Liebe, Informationen, Hilfe oder Prestige bietet (Busboom et al. 2002; Masuda 2006). Häufig hegt einer der Partner die Hoffnung auf eine Fortführung der Beziehung oder auf einen Neubeginn, selbst wenn die Scheidung schon mehrere Jahre her ist und die Partner in einer neuen

Beziehung leben. Eine wichtige Voraussetzung für das Wiederaufnehmen der Beziehung sind klare Abgrenzung zwischen beiden Seiten und ein Wissen, wer man ist und was man will. Zudem ist es wichtig, die Andersartigkeit der anderen Person zu sehen und anzuerkennen. Abschließend ist es von Bedeutung, eine gemeinsame Version der Trennungsgeschichte zu entwickeln (vgl. Lenz 2009).

Masheter (1997) hat in ihrer Studie drei Arten von Beziehung nach der Trennung beschrieben. Die erste Gruppe sind die „Freunde". Diese Gruppe bezeichnet den getrennten Partner als Freund und kommt mit ihm gut zurecht. Die zweite Gruppe sind die „Feindseligen". Sie ärgern sich noch immer über den ehemaligen Partner, empfinden eine große Abneigung dem Partner gegenüber und würden ihn am liebsten aus ihren Erinnerungen streichen. Die dritte Gruppe sind die „Besessenen". Sie sind gedanklich noch stark mit dem Partner verbunden. Sie denken ständig an ihn und vermissen ihn. Der Verlust des Partners wird als Verlust eines Teils von ihnen selbst wahrgenommen.

3.3 Theoretische Erklärung von Reaktionen in der Post-Trennungsphase

Die meisten Forschungsarbeiten innerhalb der Markenliteratur und des Relationship Marketing untersuchen, welche Faktoren zu einer langfristigen Beziehung führen, welche Ursachen ein Beziehungsende bedingen und wie der Prozess des Beziehungsendes aussieht. Entsprechend basieren die theoretischen Fundierungen dieser Arbeiten auf Theorien, die erklären, welche Faktoren zu stabilen Beziehungen bzw. zu einem Beziehungsende führen. Zu den prominentesten Theorien für das Beziehungsende gehören die verschiedenen Ansätze der Sozialen Austauschtheorie (Thibaut und Kelley 1959) und der Gerechtigkeitstheorie (z.B. Adams 1963, 1965; Blau 1964). Ein Ungleichgewicht von Kosten und Nutzen oder wahrgenommene Ungerechtigkeit sind nach diesen Theorieströmungen die Erklärung für den Prozess des Beziehungsendes.

Im Gegensatz dazu existiert in der psychologischen Trennungsliteratur eine Vielzahl an Theorien, die Reaktionen in der Post-Trennungsphase erklären. Je nach Forschungsziel werden dabei sehr spezielle Theorien herangezogen (für einen Überblick: Amato 2000). Mit der „social capital perspective“ (Teachman, Paasch und Carver 1996) werden beispielsweise die Auswirkungen für Trennungskinder erklärt, die durch eine fehlende Bezugsperson Nachteile in ihrer Lernerfahrung haben. Eltern besitzen hiernach Ressourcen, die nach einer Trennung Kindern verloren gehen.

Die „feministische Theorie“ (Carbonne 1994) stellt die unterschiedlich verteilten Ressourcen, die ungleiche Rechtsprechung wie auch den Einfluss der Rollenverteilung zwischen den Geschlechtern in den Mittelpunkt ihrer Erklärung für die Unterschiede in der Anpassung an die Trennung (Carbonne 1994; Mooney, Knox und Schacht 2008). Bei anderen theoretischen Strömungen steht die gesellschaftliche wie auch individuelle Wahrnehmung des Einzelnen im Mittelpunkt für die Anpassung an die Trennung. Der Ansatz des symbolischen Interaktionismus (Orbuch 1992) stellt beispielsweise die Bedeutung der sozialen Wahrnehmung sowie die semantische Ebene für die Auswirkungen der Trennungen in den Mittelpunkt (Mooney, Knox und Schacht 2008). Die (frühere) gesellschaftliche Stigmatisierung der Trennung beeinflusst das Selbstbild von Trennungskindern und getrennten Partnern und führt so zu einer veränderten Anpassung an eine Trennung. Andere Ansätze wie beispielsweise die Bindungstheorie (Hazan und Shaver 1992) erklären die Reaktionen in der Post-Trennungsphase, indem sie frühkindliche Bindungsstile in den Mittelpunkt ihres Erklärungsansatzes stellen.

Von den meisten Forschern jedoch wird eine Trennung als ein stressinduzierendes Ereignis gesehen (Amato 2000). Entsprechend werden die Auswirkungen des Beziehungsendes und die Anpassung an die Trennung über die verschiedenen Formen von Stresstheorien erklärt. In seiner Arbeit zu Copingstrategien bei kritischen Kaufereignissen legt Duhachek (2005) nahe, dass Stress auch innerhalb von Konsumentenbeziehungen eine wichtige Rolle spielt (vgl. ebenfalls Yi und Baumgartner 2004). Insbesondere negative kritische Interaktionen, die zum Ende der Konsumentenbeziehung führen, können eine Vielzahl an negativen Emotionen und Stressreaktionen auslösen. Die vorliegende Arbeit begreift daher den Prozess des

Beziehungsendes als potentiell stressinduzierendes Ereignis, bei dem in der Post-Trennungsphase der Verlust der Beziehung und die Trennung bewältigt werden müssen. Während eine Vielzahl an Stresstheorien insbesondere den Aspekt des Familiensystems und der Familiendynamik zugrunde legt, liegt der Schwerpunkt der allgemeinen Stresstheorien auf den Reaktionen des Einzelnen.

Für eine umfassende Analyse der Post-Trennungsphase ist ein Verständnis des Beziehungsendes sowie ein Verständnis der Reaktionen in der Post-Trennungsphase wichtig. Die Exploration der Post-Trennungsphase wurde in der vorliegenden Studie durch die beiden zentralen Theorieströmungen der sozialen Austauschtheorie sowie der allgemeinen Stresstheorie unterstützt. Die Güte des explorativen Arbeitens zeigt sich durch eine nachvollziehbare und transparente Methodik sowie eine Beschreibung der Vorannahmen und des Vorwissens (Denzin 1990), weshalb im Folgenden die prominentesten Vertreter dieser Strömungen knapp dargestellt werden.

Transaktionale Stresstheorie

Innerhalb der allgemeinen Stresstheorien hat der transaktionale Ansatz der Berkeley-Gruppe um Lazarus über die Jahre hinweg große Aufmerksamkeit bekommen (Bodenmann 2000). Lazarus führte seine ersten Untersuchungen zu den Bedingungen und der Beschaffenheit von Stressreaktionen zu Beginn der 1950er Jahre durch. Stress war in den USA zu dieser Zeit ein populäres Forschungsthema, das unter dem Eindruck der Erfahrungen im Zweiten Weltkrieg intensiv erforscht wurde. Nach Kriegsende begann sich die Stressforschung dagegen auf Stresssituationen des zivilen Lebens zu konzentrieren und wurde hinsichtlich der Problemstellungen verallgemeinert. Im Mittelpunkt stand die Frage, welche Bedingungen welche Arten von Stressreaktionen auslösen und welche Bewältigungsstrategien zum Umgang mit unterschiedlichen Arten von Stress verwendet werden und welche besonders effektiv dafür sind.

In der transaktionalen Stresstheorie wird Stress als eine Funktion der subjektiven Wahrnehmung eines Ungleichgewichts zwischen internen oder externen

Anforderungen, welche an die Person gestellt werden, und ihren Möglichkeiten, angemessen darauf zu reagieren sowie der antizipierten möglichen negativen Folgen gesehen (z.B. Lazarus 1993; Lazarus und Folkman 1984). In der frühen Stressforschung wurde Stress entsprechend des behavioristischen Grundgedankens als Wirkmechanismus zwischen einem sichtbaren Umweltreiz (z.B. Gefahr) und der Reaktion darauf untersucht. Nicht-sichtbare psychische Reaktionen wurden dabei vernachlässigt. In seiner Stressforschung hat Lazarus schon früh dagegen den nicht-sichtbaren psychischen Reaktionen einen hohen Stellenwert beigemessen. Nicht der Reiz oder die Situation sind für die Stressreaktion von Bedeutung, sondern die individuelle kognitive Bewertung. Nach Lazarus ist Stress als eine komplexe Wechselwirkung zwischen den Umweltbedingungen (Anforderungen) und der handelnden Person zu verstehen.

Die transaktionale Stresstheorie unterscheidet zwei Bewertungsstufen. Situationen werden in der primären Bewertung (primary appraisal) darauf hin untersucht, ob sie positiv, irrelevant oder potentiell bedrohlich sind. Eine Situation wird als potentiell bedrohlich wahrgenommen, wenn die Person darin eine mögliche Behinderung oder Gefährdung sieht, eigene Wünsche zu erfüllen, Ziele zu erreichen und Bedürfnisse (allgemein: Motive) zu befriedigen. Eine Einschätzung der Situation als potentiell bedrohlich kann zu unterschiedlichen Bewertungen führen. Eine Situation kann danach als (a) Bedrohung, (b) Schädigung, (c) Verlust oder (d) Herausforderung wahrgenommen werden. In der erweiterten Form der transaktionalen Stresstheorie wird angenommen, dass der Grad der Bedrohung mit der persönlichen Wichtigkeit des betroffenen Motivs sowie der Wahrscheinlichkeit und der zeitlichen Nähe der antizipierten Behinderung zunimmt. Das Vorliegen einer Bewertung eines Ereignisses als bedrohlich für das eigene Wohlergehen erlaubt lediglich die Vorhersage, dass Prozesse zur Bewältigung der Bedrohung auftreten werden. Über die genaue Beschaffenheit der Bewältigungsprozesse lassen sich auf der Grundlage dieser Bewertung noch keine Aussagen treffen. Um auch Aussagen über die Beschaffenheit der Bewältigungsprozesse machen zu können, wird von einem zweiten Bewertungsschritt ausgegangen. In diesem zweiten Bewertungsschritt (secondary appraisal) erfolgt ein Abgleich mit den eigenen Ressourcen, aus dem sich ein unterschiedliches subjektives Stresserleben ergibt. In diesem zusätzlichen

Bewertungsschritt prüft die Person (a) über welche Möglichkeiten zur Bewältigung der Bedrohung sie verfügt, (b) wie erfolgversprechend die jeweiligen Möglichkeiten sind und (c) ob es soziale Normen bzw. verinnerlichte Werte gibt, die gegen die Ausführung der Bewältigungsmöglichkeiten sprechen.

Die Auslöser von Stressreaktionen sind demnach keine konkreten Ereignisse, sondern internale kognitive Bedeutungen, die Ereignissen durch den Bewertungsprozess zugeschrieben werden (Bodenmann 2000; Meyer, Reisenzein und Schützwohl 2003). Demnach können nicht nur realen externalen Ereignissen Bedeutungen zugeschrieben werden, sondern auch internalen realen oder vorgestellten Ereignissen. Beispielsweise kann die Vorstellung über einen zukünftigen Verlust des Partners zu einer Stressreaktion führen. Die Annahme primärer und sekundärer Bewertungsprozesse ermöglicht es, die interindividuell unterschiedlichen Reaktionen auf die objektiv gleichen Reize zu erklären. Die primäre und sekundäre Bewertung können gleichzeitig und unabhängig voneinander ablaufen, obwohl die Bedeutung der sekundären Bewertung vom Ausgang der primären Bewertung abhängt (Meyer, Reisenzein und Schützwohl 2003). Beide Bewertungen, primäre und sekundäre, sind eng miteinander verknüpft und beeinflussen sich gegenseitig. Die primäre Einschätzung verweist auf die Auswirkungen eines Ereignisses auf das Wohlbefinden, die sekundäre beurteilt die Möglichkeiten und Fähigkeiten zu deren Bewältigung.

Soziale Austauschtheorie

Die Stresstheorie erklärt, weshalb es in der Post-Trennungsphase zu Stressreaktionen kommen kann und wie Beziehungspartner auf den wahrgenommenen Stress reagieren. Die Stresstheorie erklärt dagegen nicht, weshalb nach dem Beziehungsende Beziehungen wieder fortgeführt werden. Die Soziale Austauschtheorie ist innerhalb des Relationship Marketing eine der zentralen sozialwissenschaftlichen Theorien, um Gerechtigkeit und damit verbunden Markenwechsel oder Markentreue zu erklären (z.B. Bruhn und Homburg 2007). In der psychologischen Trennungsliteratur ziehen Forschungsarbeiten die Soziale Austauschtheorie als Erklärungsansatz heran, um die Wiederaufnahme von beendeten Beziehungen zu erklären.

Basierend auf den Arbeiten von Thibaut und Kelley (1959) steht im Mittelpunkt der Theorie die Annahme, dass Menschen das Resultat (Output) ihrer Beziehung vergleichen. Der Output ist dabei das Verhältnis zwischen dem wahrgenommenen Nutzen und den wahrgenommenen Kosten. Für die Bewertung von Beziehungen postulieren Thibaut und Kelley zwei Bezugsgrößen: das Vergleichsniveau innerhalb der Beziehung (comparision level, CL) und das Vergleichsniveau für alternative Beziehungen (comparison level for alternatives, CLalt). Eine Beziehung wird als zufriedenstellend wahrgenommen so lange eine positive Differenz zwischen der Wahrnehmung der Beziehung und der generalisierten Erwartungen an die Beziehung besteht. Erst der Vergleich mit den Alternativen (CLalt) bestimmt aber, ob eine Beziehung beendet oder fortgeführt wird. Existieren keine besseren Alternativen, bleibt der Partner unzufrieden in der Beziehung. Erst wenn eine bessere Alternative besteht, wird die Beziehung beendet (vgl. auch Drigotas und Rusbult 1992).

Die soziale Austauschtheorie ist gut geeignet, um zu erklären, warum es zu einem Beziehungsende kommt wie beispielsweise aufgrund fehlenden Nutzens. Zusätzlich erklärt sie, warum eine Beziehung fortgeführt bzw. wiederaufgenommen wird (höherer Nutzen als die Alternativen). Dagegen erklären Stress-Theorien, wann und warum es nach dem Ende der Beziehung zu Bewältigungsreaktionen kommt und wie diese aussehen. In der vorliegenden Arbeit ist es das Ziel, die Bedingungen wie auch die Auswirkungen einer Trennung zu untersuchen. Zusätzlich soll untersucht werden, unter welchen Bedingungen eine Wiederaufnahme der Beziehung möglich ist. Damit liefern beide Gruppen von Theorien einen Beitrag zur Einordnung der Arbeit.

3.4 Übertragbarkeit der bestehenden sozialpsychologischen Erkenntnisse

Das Kapitel 2 hat mit der Darstellung bestehender Forschungsarbeiten verdeutlicht, dass der Ansatz, das Verhältnis zwischen Konsument und Marke als Markenbeziehung zu bezeichnen, einen wertvollen Beitrag leistet. Obwohl die Beziehung zu einer Marke nicht notwendigerweise in Tiefe und Breite mit einer zwischenmenschlichen Beziehung zu vergleichen ist, verhalten sich Menschen Objekten gegenüber als hätten sie eine Beziehung mit ihnen (Aggarwal 2004). Der vorangegangene Überblick in Kapitel 3.2 über die wichtigen Themen innerhalb der psychologischen Trennungsliteratur verdeutlicht, dass Themen oder einzelne Konstrukte der Markenbeziehung wie beispielsweise die Markenbindung oder die Bedeutung einer Marke für die eigene Identität in der Post-Trennungsphase ebenfalls eine wichtige Rolle spielen.

Gleichzeitig finden sich Forschungsarbeiten, welche die Übertragbarkeit des Beziehungsbegriffs sowie die Übertragbarkeit der psychologischen Konstrukte hinterfragen. O'Malley und Tynan (2001) stellen die Frage, unter welchen Umständen eine Markenbeziehung existiert. Die Forschungsarbeiten zu engen Beziehungen in der Sozialpsychologie beziehen sich vielfach auf Paarbeziehungen oder enge Freundschaften. Demnach hätten Konsumenten nur wenigen Marken gegenüber eine Beziehung. Zudem eignen sich Marken in unterschiedlichem Ausmaß für eine Beziehung. Beispielsweise sind Marken mit einer einzigartigen und aufregenden Persönlichkeit (Smit, Bronner und Tolboom 2007) oder Marken mit einer hohen Bedeutung für den Konsumenten (Dowling 2002) als Beziehungspartner geeigneter als Marken, die diese Eigenschaften nicht besitzen.

Bengtsson (2003) hinterfragt dagegen die Übertragbarkeit der psychologischen Konstrukte. Seiner Ansicht nach kann es bei der Übertragung von Konstrukten aus der Sozialpsychologie zu Schwierigkeiten bei der Interpretation der Ergebnisse kommen. Dies ist insbesondere der Fall, wenn der ursprüngliche Untersuchungskontext kaum Übereinstimmung mit dem Zielkontext hat. Um den bestehenden Einwänden Rechnung zu tragen, wurde für die empirische Untersuchung eine high-involvement Markenbeziehung ausgewählt und zusätzlich ein induktiver und explorativer Ansatz gewählt. Ausgehend von dem Ansatz der Beziehungsanalogie untersucht die vorliegende Studie, ob und in welcher Form sich Konstrukte aus der Sozialpsychologie zu zwischenmenschlichen Beziehungen in der Post-Trennungsphase in Markenbeziehungen finden lassen.

4 Framework der vorliegenden Studie

Der Fokus der vorliegenden Arbeit liegt auf der Untersuchung der Post-Trennungsphase. Der Bezugsrahmen ordnet die Post-Trennungsphase in die unterschiedlichen Phasen der Markenbeziehung ein. Innerhalb dieses Phasenmodells wird die Markenbeziehung als eine Beziehung innerhalb eines komplexen Beziehungsnetzwerkes gesehen. Die Markenbeziehung steht dabei im Zentrum aller Beziehungen und wird durch eine Vielzahl umrahmender Beziehungen ergänzt. Der Markennutzen wird dabei als wesentliches Element gesehen, welcher die Markenbeziehung stärkt und zu einer Fortsetzung der Markenbeziehung führt. Das kritische Ereignis gilt als Ursache für das Beziehungsende. Die Post-Trennungsphase beinhaltet die Phase nach dem Ende der Markenbeziehung, in der der Konsument noch markenrelevante Reaktionen zeigt.

4.1 Bestandteile des Frameworks

4.1.1 Phasen der Markenbeziehung

Die unterschiedlichen Phasen und damit verbunden der idealtypische Verlauf von Markenbeziehungen wurden in Kapitel 2.2.4 dargestellt. Die vorliegende Arbeit betrachtet innerhalb dieses Phasenmodells den Ausschnitt zwischen der Bindungsphase und der Phase des Beziehungsendes.

Es wird angenommen, dass die Marke in der Bindungsphase dem Konsumenten Nutzen stiftet. Es ist die Phase, in der die Interaktionen zwischen Marke und Konsument als positiv wahrgenommen werden. Die Marke gilt als der Beziehungspartner mit dem die Beziehung fortgeführt werden soll. Der Bindungsphase folgt die Phase des Rückgangs und der Auflösung (vgl. 2.2.2), in der das kritische Ereignis zum Beziehungsende führt. Das bestehende Geschäftsverhältnis wird gekündigt oder bisherige Transaktionen beendet.

Die Post-Trennungsphase beginnt, nachdem die Marke nicht mehr gekauft und genutzt wird. Es wird angenommen, dass in dieser Phase Konsumenten noch relevante markenbezogene Reaktionen Dritten oder direkt der Marke gegenüber zeigen.

4.1.2 Die Marke als Beziehungspartner innerhalb des Beziehungsnetzes

In ihrer Arbeit zu "brand communities" modellieren McAlexander, Schouten und Koenig (2002) die Beziehung zwischen Konsument und Marke als Beziehung, die Teil eines komplexen Beziehungsnetzes ist. Konsumenten bauen danach zu verschiedenen Akteuren der Marke Beziehungen und emotionale Bindungen auf. Dazu gehören beispielsweise Beziehungen zwischen Konsument und Marke (z.B. Aaker, Fournier und Brasel 2004; Aggarwal 2004; Fournier 1998), Konsument und Unternehmen (Bhattacharya und Sen 2003), Konsument und Produkt (Schultz, Kleine und Baker 2004) sowie zwischen Konsumenten untereinander (Muniz Jr und O'Guinn 2001).

Inspiriert von diesem komplexen Netz an Beziehungen wird in der vorliegenden Studie davon ausgegangen, dass Konsumenten innerhalb des Beziehungsnetzes mit der Marke mehrere eigenständige Beziehungen entwickeln können, die miteinander in Wechselwirkung stehen. Im Mittelpunkt der Betrachtung steht die Beziehung zwischen Konsument und Marke. Sie wird innerhalb des Beziehungsnetzes ergänzt durch die Beziehungen zwischen Konsument und Produkt, Konsument und Mitarbeiter, Konsument und Unternehmen sowie Konsument und einer anderen Marke (vgl. Abbildung 3). Der Ansatz des Beziehungsnetzes ist insofern von Bedeutung als hierbei deutlich wird, dass die Markenbeziehung nicht losgelöst von den anderen Beziehungen zu betrachten ist. Vergleichbar mit Beziehungen, die Menschen einem anderen Familiensystem gegenüber haben (z.B. Verwandtschaft), können diese Beziehungen in ihrer Beziehungsqualität unterschiedlich gestaltet sein. Während beispielsweise die Beziehung Konsument-Produkt einer positiven Beziehungsgestaltung entspricht, kann die Beziehung Konsument-Mitarbeiter aufgrund von Schwierigkeiten in der Serviceinteraktion als negativ wahrgenommen werden.

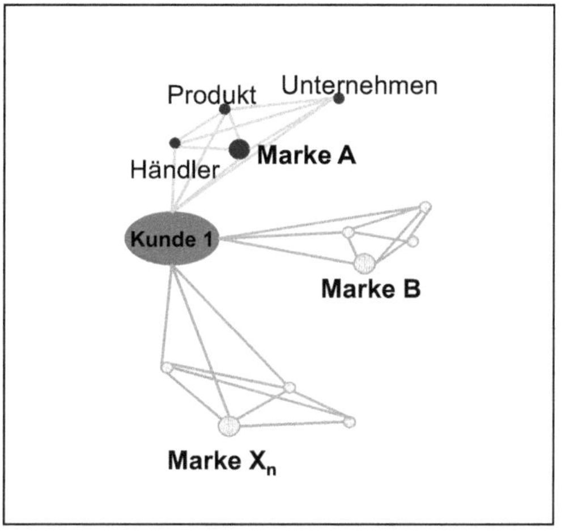

Abbildung 3: Darstellung des Markennetzes
Quelle: Eigene Darstellung

Dies könnte in der Folge dazu führen, dass Konsumenten innerhalb des Beziehungsnetzes gegenläufige bzw. widersprüchliche Beziehungen haben.

4.1.3 Der Markennutzen

Der Nutzen ist eines der zentralen ökonomischen Konstrukte (Kotler und Keller 2009). Basierend auf dem Nutzenbegriff von Vershofen (1959) lassen sich Produkte in einen technisch-funktionalen Grundnutzen und einen geistig-seelischen Zusatznutzen aufteilen (vgl. Donnevert 2009). Beispielsweise unterscheiden Meffert, Burmann und Kirchgeorg (2007) den Markennutzen in eine funktionale und eine symbolische Nutzenebene. Die funktionale Nutzenebene lässt sich weiter in eine funktional-utilitaristische und eine ökonomische Dimension unterteilen und bezieht sich auf den Grundnutzen im Sinne von Vershofen (ebd.). Danach umfassen funktionale Nutzenassoziationen alle Nutzendimensionen, die sich aus den physikalischen-technischen Merkmalen der Marke ergeben. Der Grundnutzen erwächst zudem aus der Informations-, Risikoreduktions- und Vertrauensfunktion der

Marke. Die Marke entlastet den Konsumenten bei der Informationsbeschaffung und verringert die wahrgenommene Komplexität des Marktangebotes (Kroeber-Riel und Weinberg 2003). Neben den funktionalen Nutzenassoziationen steht der symbolische Markennutzen, „deren Bedeutung für das Kaufverhalten nach empirischen Untersuchungen besonders hoch ist“ (Meffert, Burmann und Kirchgeorg 2007, S. 365).

Der symbolische Nutzen lässt sich in einen sinnlich-ästhetischen, hedonischen und sozialen Nutzen unterteilen. Die sinnlich-ästhetische Nutzendimension umfasst alle ästhetischen Nutzenkomponenten wie Schönheit, Geschmack oder Akustik und Haptik einer Marke. Der hedonische Markennutzen bezieht sich hingegen auf individuelle und persönlichkeitsbezogene Prozesse wie der Wunsch nach Individualität, Selbstverwirklichung, kognitive Stimulation oder Genussbedürfnisse (vgl. Meffert, Burmann und Kirchgeorg 2007).

Der soziale Nutzen resultiert aus der Anerkennung und Wertschätzung durch andere Menschen. Durch die Markennutzung wird die Möglichkeit einer sozialen Gruppenzugehörigkeit geboten und der Raum, die Marke als Medium der Selbstdarstellung zu nutzen. Besonders bei öffentlich konsumierten Marken sowie Premium- oder Luxusmarken unterstützt der symbolische Markennutzen das Bedürfnis der Konsumenten nach Anerkennung, Ausdruck eigener Werte oder der Zugehörigkeit einer bevorzugten Gruppe (z.B. Bearden und Etzel 1982; Escalas und Bettman 2005). Durch den öffentlichen Konsum können Konsumenten ihre Zugehörigkeit zu einer von ihnen präferierten Gruppe demonstrieren bzw. sich durch den Status von anderen Gruppen abgrenzen. Gleichzeitig erhalten sie Anerkennung und Wertschätzung von Außenstehenden, die zur Bestätigung und Erhöhung des eigenen Selbstwertes führen. Auch kann der Besitz einer Premium- oder Luxusmarke als Ausdruck der Erreichung eigener Standards stehen und damit die Möglichkeit der Selbstverwirklichung bzw. Selbstbelohnung beinhalten (Lasslop 2005). Indem Konsumenten Premiumgüter sichtbar konsumieren, können sie den Stolz auf eigene Erfolge sichtbar machen oder indirekt eigene Werte und Teile ihrer Persönlichkeit ausdrücken.

4.1.4 Das kritische Ereignis

Das Ende einer Markenbeziehung kann durch eine Vielzahl an Gründen entstehen. Veränderte Kundenbedürfnisse, Produktfehler, Servicefehler oder das Bedürfnis nach Variety seeking können dabei Auslöser für ein Beziehungsende sein (z.B. Hess, Ganesan und Klein 2007; Keaveney und Parthasarathy 2001; Seetharaman und Hai 2009). Je nach Autor lassen sich dabei die Ursachen für das Beziehungsende in unterschiedliche Kategoriensysteme zusammenfassen (z.B. Fournier 1998; Keaveney 1995).

Eine Betrachtung der bestehenden Literatur zu Service- und Produktfehlern zeigt, dass Konsumenten eine Vielzahl an emotionalen, kognitiven oder verhaltensbezogenen Reaktionen auf die erlebten Service- oder Produktfehler zeigen. Kunden zeigen Emotionen wie Wut, Ärger oder Enttäuschung und reagieren auf Produkt- und Servicefehler, indem sie sich beschweren, eine Wiedergutmachung fordern, die Beziehung beenden, negatives word-of-mouth verbreiten und in Extremfällen rechtliche Schritte einleiten oder Vergeltung üben (z.B. Bechwati und Morrin 2003; Bougie, Pieters und Zeelenberg 2003; Gregoire und Fisher 2008).

Die Forschungsergebnisse hierzu beziehen sich meist auf die Zeit während der Kundenbeziehung. Sie geben damit keine explizite Auskunft über das Konsumentenverhalten nach dem Beziehungsende. Eine Ausnahme sind die Forschungsarbeiten von Bogomolova (2010) und Wangenheim (2005). In ihrer Studie zeigt Bogomolova (2010), dass unterschiedliche kritische Ereignisse in der Beziehungsphase zu unterschiedlichen kognitiven Gesamtbeurteilungen der Marke in der Post-Trennungsphase führen. Ähnliche Ergebnisse zeigt auch die Studie von Wangenheim (2005). In Abhängigkeit des kritischen Ereignisses erfolgt eine unterschiedliche Mund-zu-Mund Kommunikation in der Post-Trennungsphase. Während beide Studien vereinzelte Facetten der Post-Trennungsphase beleuchten, so verdeutlichen sie den Einfluss des kritischen Ereignisses auf die Post-Trennungsphase.

4.2 Abschließendes Framework

Der vorliegende Bezugsrahmen wird in Abbildung 4 dargestellt. In der Beziehungsphase zeichnet sich die Markenbeziehung für den Konsumenten durch einen hohen Beziehungsnutzen aus. Im Sinne der Sozialen Austauschtheorie wird davon ausgegangen, dass Konsumenten in dieser Phase zufrieden sind, wenn die wahrgenommenen Nutzen die Kosten überwiegen. Es wird angenommen, dass sich dieses Gleichgewicht in der Phase des Rückgangs und der Auflösungsphase verändert. In dieser Phase können sich die Konsumentenbedürfnisse verändern oder neue Angebote durch den Wettbewerb erscheinen. Damit kann sich der bisherige Nutzen verringern oder der Nutzen eines Wettbewerbers als höher eingestuft werden. In der Folge denken Konsumenten über ein Ende der Markenbeziehung nach. Negative kritische Ereignisse wie Produkt- oder Servicefehler können ebenfalls dazu führen, dass Konsumenten die eigene Unzufriedenheit mit einer oder mehreren Beziehungen innerhalb des Beziehungsnetzes mit der Marke wahrnehmen. Die Unzufriedenheit kann der Marke oder Dritten gegenüber geäußert und über ein Ende der Beziehung nachgedacht werden.

Die Phase des Rückgangs kann für die Marke als Beziehungspartner sichtbar werden, wenn es zu Beschwerden durch den Konsumenten kommt. Wiedergutmachung oder Beseitigung von Service- oder Produktfehlern können dazu führen, dass sich der Konsument aus der Phase des Rückgangs zurück in die Bindungsphase bewegt. Es kommt zur Auflösungsphase, wenn ein Konsument die Marke nicht mehr konsumiert oder die Markenbeziehung aktiv beendet.

Die Post-Trennungsphase beginnt nach dem Ende der Markenbeziehung und kann sich mit dem Aufbau einer neuen Markenbeziehung überschneiden.

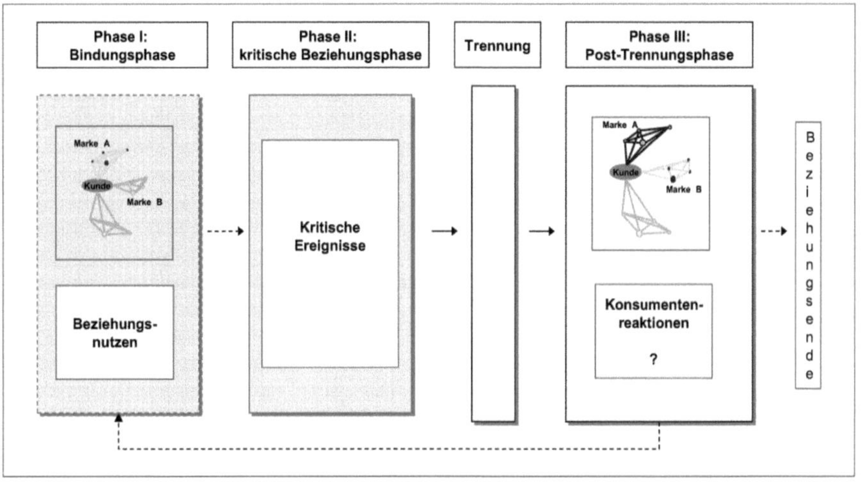

Anmerkung: gestrichelte Pfade und Konstukte werden in dieser Arbeit nicht empirisch untersucht

Abbildung 4: Framework der Post-Trennungsphase bei Markenbeziehungen
Quelle: Eigene Darstellung

Die Post-Trennungsphase ist beendet, wenn die Markenbeziehung wieder aufgenommen wird oder sich die ehemaligen Konsumenten der Marke gegenüber in ihren Emotionen, Kognitionen und Verhaltensweisen nicht von Neukunden unterscheiden lassen.

5 Empirische Studie

Aus den vorhergehenden Kapiteln wurde ersichtlich, dass der Wissensstand zu Konsumentenreaktionen in der Post-Trennungsphase innerhalb des Marketing bis heute gering ist. Die psychologische Trennungsliteratur bietet mit den bestehenden Erkenntnissen über zentrale zwischenmenschliche Bindungs- und Bewältigungsreaktionen einen guten Ausgangspunkt. Allerdings ist unklar, in welcher Form diese Konstrukte in der Post-Trennungsphase zwischen Menschen und Marken zu finden sind, in welchem Zusammenhang sie stehen und welche Folgen sich daraus für Unternehmen ergeben.

Entsprechend dieser Vorbedingungen eignet sich für die vorliegende Forschungsarbeit ein explorativer und induktiver Ansatz. Die Datenerhebung und Datenauswertung umfassen dabei sowohl qualitative als auch quantitative Methoden, die alle strukturentdeckend, d.h. von ihrem methodischen Ansatz her explorativ sind. Zuerst werden der gewählte Forschungsansatz und das Tiefeninterview – als geeignete Methode der Datenerhebung – vorgestellt sowie die Operationalisierung des Bezugsrahmens. Es folgen die Methoden der Datenauswertung. Die qualitative Datenauswertung orientierte sich in ihrem Vorgehen an der Grounded Theory und wurde durch die kategoriale Hauptkomponentenanalyse (CatPCA) als quantitative strukturentdeckende Methode ergänzt. Die CatPCA ist als graphisches Verfahren eine geeignete Methode, um zugrundeliegende Zusammenhänge zwischen den Befragten (Segmente), Zusammenhänge zwischen den Konstrukten (Faktoren) sowie Zusammenhänge zwischen den Befragten und Konstrukten aufzuzeigen.

Für die Überprüfung der Stabilität der Zusammenhänge wurden ergänzend die hierarchische Clusteranalyse (internale Stabilitätsüberprüfung der Segmente) und die exakte logistische Regression (externale Stabilitätsüberprüfung der Segmente) angewendet. Aufgrund ihrer geringen Verbreitung werden im folgenden Kapitel die Grounded Theory, die CatPCA sowie die exakte logistische Regression näher beschrieben.

5.1 Methodische Vorbemerkungen

Methodenentscheidungen für die Datenerhebung sowie die Datenauswertung ergeben sich aus den Forschungsfragen sowie den theoretischen Grundlagen einer Studie (Bortz und Döring 2006). Ausgehend von dem bisherigen Forschungsstand eignen sich für die vorliegende Arbeit ein explorativer und induktiver Ansatz.

Explorative Forschungsarbeiten sind strukturentdeckend und Wissen generierend. Sie lassen sich wissenschaftstheoretisch dem interpretativen Paradigma (Bortz und Döring 2006; Denzin und Ryan 2007; Lamnek 2005) und damit verbunden dem symbolischen Interaktionismus (Blumer 1969; Mead 1934) zuordnen. Der symbolische Interaktionismus geht davon aus, dass das Verhalten von Menschen weniger von objektiven Umweltmerkmalen geprägt ist als vielmehr von subjektiven Bedeutungen, die Menschen den Objekten und Personen ihrer Umwelt zuweisen (Bortz und Döring 2006). Soziales Handeln oder Reaktionen auf Erlebnisse sind demnach abhängig davon, wie der Einzelne die Situation wahrnimmt, interpretiert und bewertet.

Nach dem symbolischen Interaktionismus existiert keine Wirklichkeit, die unabhängig von dem Individuum ist. Nicht Tatsachen, sondern Meinungen über Tatsachen, nicht Umweltmerkmale, sondern die ihnen zugemessene Bedeutung, bestimmen das menschliche Handeln (vgl. Blumer 1973; Flick 2004) wie es pointiert in dem sogenannten Thomas-Theorem formuliert wird: „If men define situations as real, they are real in their consequences“ (Thomas und Znaniecki 1927). Aus der unterschiedlichen Wahrnehmung und Interpretation von Ereignissen resultieren in der Folge unterschiedliche Reaktionen.

Im Gegensatz zu Forschungsarbeiten, die von intersubjektiv überprüfbaren Situationen ausgehen, stellt dieser Forschungsansatz den Konsumenten mit seiner wahrgenommenen Realität in den Mittelpunkt. Diese Anerkennung einer subjektiven Realität ist insofern von Bedeutung als sie deutlich macht, dass ein Verständnis der Reaktionen erst möglich ist, wenn die subjektive Bedeutungsebene verstanden wird.

Ausgehend von diesem Verständnis ergibt sich konsequenterweise ein explorativer Forschungsansatz, der das Individuum, seine Reaktionen und damit auch die zugrundeliegenden Bedeutungsebenen der Reaktionen in den Mittelpunkt der Forschung stellt.

5.2 Tiefeninterviews und Operationalisierung des Bezugsrahmens

5.2.1 Tiefeninterviews als geeignete Methode der Datenerhebung

Abgeleitet aus der Forschungsfrage ergibt sich die angemessene Forschungsmethode. Qualitative Forschungsmethoden lassen sich im Wesentlichen in non-reaktive Verfahren sowie Beobachtungs- und Befragungsmethoden unterscheiden (Bortz und Döring 2006). Es existiert eine Vielzahl an Befragungsmethoden, die sich hinsichtlich Strukturiertheit und Anzahl der gleichzeitig Befragten unterscheiden.

Für explorative Fragestellungen, die auf die Motivebene von Konsumenten abzielen, sind Tiefeninterviews besonders geeignet. Denn bei ihnen steht die subjektive Sichtweise von Ereignissen, Meinungen oder Erklärungsmodellen im Mittelpunkt (Aghamanoukjan, Buber und Meyer 2007). Das Ziel des Tiefeninterviews ist es, mögliche Zusammenhänge abzutasten und so zu den eigentlichen Motivationen zu gelangen. Es geht bei dieser Interviewform also weniger um die Erfassung von Verhaltensweisen, sondern um die Ermittlung von Einstellungen, Motiven, Barrieren und Blockaden (Schub von Bossiazky 1992).

Im Gegensatz zu Gruppenbefragungen (z.B. Fokusgruppen) bietet das Einzelinterview deutlich mehr Informationen pro Befragten sowie eine deutlich höhere Erkenntnistiefe, da jeder einzelne Befragte systematisch zu den entsprechenden Fragenkomplexen in der benötigten Tiefe befragt werden kann. Zusätzlich vermeidet das Interview eine wechselseitige Beeinflussung durch die Gruppe, was insbesondere von Bedeutung ist, wenn zugrundeliegende Motivstrukturen im Vordergrund der Erhebung stehen.

Hinsichtlich ihrer Strukturiertheit lassen sich Interviews auf einem Kontinuum zwischen vollständig offenen Interviews und vollständig strukturierten Interviews einordnen. In einem offenen Interview wird ein Rahmenthema vorgegeben über das der Befragte frei erzählen kann. Den Gegenpol bildet das vollständig strukturierte Interview, das sich durch festgelegte Frageformulierungen sowie zugrundeliegenden Antwortkategorien auszeichnet (Diekmann 2007).

Das Tiefeninterview eignet sich insbesondere dann, wenn unbewusste Motive oder zugrundeliegende Prozesse anhand der Beschreibung von kritischen Ereignissen aufgedeckt werden sollen. Befragte können bei dem Tiefeninterview vollständige Gedanken- und Argumentationsketten mit sehr vielen Einzelaspekten schildern. Diese Form der umfassenden Darstellung führt dazu, dass komplexe psychische Zusammenhänge viel besser erfasst und in der Folge besser abgebildet werden können (vgl. Kuß 2007).

Bei dem narrativen, problemzentrierten und fokussierten Interview erfolgt die Bedeutungszuweisung durch den Befragten in der Interviewsituation. Das Ziel dieser Interviewform ist es, die Bedeutungsstrukturierung des Befragten nachzuvollziehen (Lamnek 2005). Dagegen orientiert sich das Tiefeninterview an dem tiefenpsychologischen Ansatz. Danach wird menschliches Handeln von Motiven geleitet, deren explizite Äußerung den Befragten nicht unbedingt möglich ist, da sie von den Befragten eine Einsicht in psychische Vorgänge voraussetzen und ein hohes Maß an Reflexion und Introspektion (Innensicht) erfordern. Im Tiefeninterview ist der Forscher folglich auf der Suche nach den Bedeutungsstrukturierungen, die dem Befragten möglicherweise nicht bewusst sind.

Das Tiefeninterview stellt damit hohe Anforderungen an die Interviewer. Diese müssen nicht nur hinsichtlich der Befragungstechnik geschult sein, sondern besitzen idealerweise ebenfalls ein Verständnis des zu erforschenden Themas. Denn nur mit diesem Vorgehen kann erreicht werden, dass ein Interview in einem zeitlich vertretbaren Rahmen stattfindet und gleichzeitig ausreichend Zeit für die Vertiefung wichtiger Aspekte des Forschungsthemas bleibt.

5.2.2 Operationalisierung des Bezugsrahmens

Der Fragebogen wurde anhand des Bezugsrahmens in Kapitel 4 entwickelt. Dabei dienten die Erkenntnisse der psychologischen Trennungsliteratur als Ausgangspunkt. Dieses Vorgehen ermöglicht eine Orientierung entlang zentraler Themen während gleichzeitig genügend Raum vorhanden ist, um neue Aspekte mit einfließen zu lassen.

Für den Aufbau des Fragebogens und die Absicherung des Fragenpools wurde – basierend auf dem Grundgedanken des theoretischen Samplings (vgl. Corbin und Strauss 1990) – eine Vorstudie mit 11 Befragten zu den kritischen Ereignissen, dem Wechselprozess sowie der Zeit nach dem Ende der Beziehung durchgeführt. Im Sinne der zunehmenden Verfeinerung (Charmaz 2005; Corbin und Strauss 1990) bestand nach dem elften Interview ein stabiler Pool an Themen und Fragen, die sich für die Untersuchung der Post-Trennungsphase und ihren Bedingungen als bedeutsam herausgestellt hatten. Während dieser Zeit wurde der Fragebogen iterativ durch ergänzende Literatur (Markenbeziehungen, Relationship Marketing und psychologische Trennungsliteratur) sowie hinzugewonnene Erkenntnisse angepasst. Durch die Vorstudie konnte bei der danach ausgewählten Zufallsstichprobe sichergestellt werden, dass die konzeptuelle Dichte und Heterogenität beibehalten blieb, ohne auf die Möglichkeit der Anwendung empirischer Methoden verzichten zu müssen.

Der entwickelte Fragebogen umfasst die drei Phasen des Bezugsrahmens, die als drei Themenblöcke erhoben wurden (vgl. Abbildung 5): (1) Post-Trennungsphase, (2) Phase des Rückgangs und der Auflösung sowie (3) Bindungsphase. Ergänzend wurden die Wiederkaufsbereitschaft, soziodemographische Merkmale (Alter, Geschlecht, Haushaltsgröße) und die Kaufhistorie der letzten drei Automobilkäufe erfasst.

Um eine emotionale Filterung bei den Befragten zu verhindern, wurden die einzelnen Phasen in umgekehrter Reihenfolge erhoben. Diese Vorgehensweise wurde als Absicherung eingesetzt, um zu verhindern, dass bei den Teilnehmern die Erinnerungen an die Krise aktiviert werden und damit die folgenden Äußerungen bezüglich der Post-Trennungsphase beeinflusst werden.

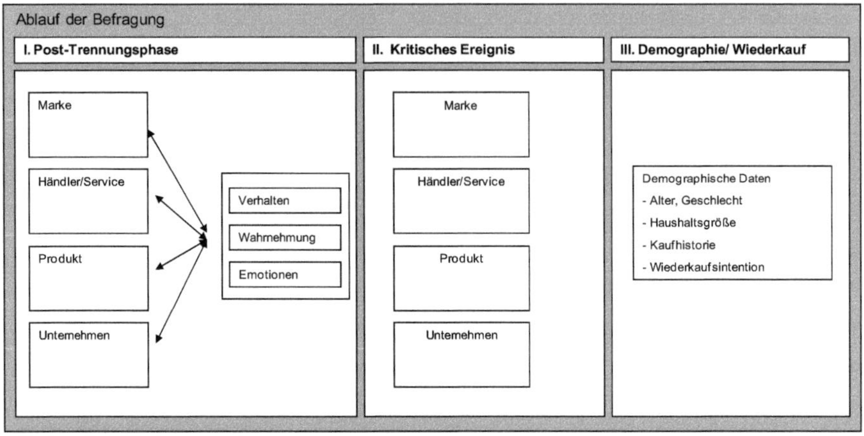

Abbildung 5: Ablauf der Befragung
Quelle: Eigene Darstellung

Zusätzlich wurde vorgegeben, dass die Markenbeziehung im Vordergrund steht und die weiteren Beziehungen wie die Händler-, Produkt- oder Unternehmensbeziehung ergänzend und kontrastierend erfragt werden. Im Fragebogen zeigte sich diese Schwerpunktsetzung durch eine Voranstellung der Fragen zur Markenbeziehung (z.B. „Wie sehen Sie die Marke heute?", „Wie ist es für Sie, wenn Sie Marke A auf der Straße sehen?", „Was erzählen Sie anderen, wenn Sie über Marke A sprechen?"). Die weiteren Beziehungen wurden durch kontrastierende und ergänzende Fragen kürzer erfragt (z.B. „Wie denken Sie über das Unternehmen im Vergleich zur Marke?").

Mit dieser Vorgehensweise konnte erreicht werden, dass wesentliche Themenfelder in einem angemessenen Zeitumfang erfragt werden. Gleichzeitig hatten die Teilnehmer die Möglichkeit, die einzelnen Beziehungen und mögliche Unterschiede zwischen ihnen darzustellen. Innerhalb dieses Rahmens stand es den Interviewern frei, an den jeweiligen Einzelfall angepasste Frageformulierungen zu verwenden oder die Fragenreihenfolge zu verändern. Beispielsweise sollten innerhalb des Themenblocks

Post-Trennungsphase zu jeder einzelnen Beziehung Wahrnehmung, Emotion und Verhalten erfasst werden. Abhängig von den Antworten des Befragten konnten die Interviewer diese einzelnen Aspekte frei in der Reihenfolge erheben (Berekoven, Eckert und Ellenrieder 2009).

Eine Anzahl offener, vertiefender Fragen ermutigte die Befragten, genaue Beschreibungen der Vorfälle sowie ihrer derzeitigen Verhaltensweisen zu geben. (Z.B. „Bitte erzählen Sie uns, wie es zu dem Wechsel gekommen ist.“, „Wie hat sich der Händler verhalten?“, „Wie haben Sie darauf reagiert?“, „Wie haben Sie sich in dieser Situation gefühlt?“, „Was hätten Sie sich in dieser Situation gewünscht?“) Mit diesem Vorgehen wurden die Befragten ermutigt, über ihre Erlebnisse und damit verbunden ihre Verhaltensweisen, Gedanken und Gefühle zu sprechen – etwas, was Befragten leichter fällt als Erklärungen für eigenes Verhalten zu finden (Rubin und Rubin 2005).

5.3 Stichprobe und Durchführung

Für die Untersuchung von Konsumentenreaktionen in der Post-Trennungsphase eignet sich eine Stichprobe, die aus Konsumenten besteht, die während der Markenbeziehung eine intensive Bindung zur Marke aufgebaut haben. Insbesondere Premium- und Luxusmarken besitzen für Konsumenten eine hohe Selbstwertrelevanz und sind mit hohem Involvement verbunden (Bearden und Etzel 1982; Lasslop 2005). Typischerweise haben Konsumenten eine intensive Markenbeziehung zu Automobilen der Premiumklasse (Kressmann et al. 2006; Parment 2008).

Zudem eignet sich für die Untersuchung der Post-Trennungsphase eine Markenbeziehung mit Produkten, die sich durch ein sichtbares Ende der Markenbeziehung auszeichnet. Bei Automobilen endet die Markenbeziehung sichtbar durch den Neukauf einer anderen Marke. Für die Untersuchung der Post-Trennungsphase wurden deshalb Automobilkunden einer internationalen Premiummarke befragt.

Die Studie wurde in Zusammenarbeit mit einem europäischen Automobilhersteller durchgeführt, dessen ehemalige Kunden aus den Niederlanden befragt wurden. Die Datenbasis bestand aus der Grundgesamtheit aller niederländischer, privater Neuwagenkäufer dieses Anbieters, die innerhalb von vier Jahren vor Studienbeginn ihre Kundenbeziehung beendet haben. Von der Grundgesamtheit N=1650 wurden n=1139 ehemalige Kunden angerufen[7] und n=673 von ihnen erreicht. Aus der Gruppe der erreichten Kunden waren n=403 bereit, bei einem telefonischen Screening mitzumachen. Das entspricht einer Antwortquote von ungefähr 60 Prozent. Von den n=403 ehemaligen Kunden entsprachen nur 43 (10,7%) den aufgestellten Kriterien. Mit allen 43 ehemaligen Kunden wurden Tiefeninterviews durchgeführt. Von den 43 Befragten waren 38 Männer und fünf Frauen, die zwischen 31 und 78 Jahre alt waren. Die Stichprobe ist damit hinsichtlich der Geschlechterverteilung sowie des Alters repräsentativ für die Konsumentengruppe dieses Automobilherstellers.

Die Interviewdurchführung erfolgte in Zusammenarbeit mit der Universität Maastricht. Es wurde zuerst ein telefonisches Screening-Gespräch geführt, um sicherzustellen, dass die Teilnehmer der Zielgruppe angehören. Im Anschluss an das Screening wurde ein Termin für ein Tiefeninterview mit einem geschulten Interviewer vereinbart. Da die Teilnehmer der Studie über die ganze Niederlande verteilt waren, wurden die Interviews telefonisch erhoben. Die Interviews wurden von insgesamt sechs niederländischen Interviewern durchgeführt. Die Interviewer waren Studierende der Universität Maastricht aus den Fachbereichen Psychologie und Betriebswirtschaft. Sie waren beiderlei Geschlechts und hatten praktische sowie theoretische Erfahrung mit Tiefeninterviews und qualitativen Methoden. Sie erhielten ein Training über das Thema Post-Trennungsphase mit den bisherigen Erkenntnissen aus der Literatur zu Markenbeziehungen, Relationship Marketing sowie der psychologischen Trennungsliteratur und den möglichen relevanten Konstrukten. In einem weiteren Training wurde die Interviewsituation simuliert und die Anwendung des Fragebogens eingeübt.

---

[7] Eine Person gilt als kontaktiert, wenn sie innerhalb von 14 Tagen dreimal zu unterschiedlichen Tageszeiten und Wochentagen angerufen wurde.

Die Interviews dauerten im Durchschnitt zwischen 60 und 70 Minuten. Dabei dauerte das kürzeste Interview 40 Minuten und das längste zwei Stunden. Für die Teilnahme an der Studie erhielten die Befragten einen Einkaufsgutschein im Wert von 25 Euro. Die durchgeführten Interviews wurden aufgezeichnet, verschriftet (transkribiert) und von bilingualen Studenten übersetzt.

5.4 Qualitative und quantitative Methoden der Datenanalyse

Die qualitative Analysemethode wurde in Anlehnung an die vorgeschlagenen Prozeduren der Grounded Theory (Glaser und Strauss 1967) gewählt, um so die zentralen Konstrukte der Post-Trennungsphase zu identifizieren und einen qualitativen Beziehungszusammenhang zu modellieren. Für eine systematische Analyse von Personen mit ähnlichen Ausprägungsmustern wurde zusätzlich die kategoriale Hauptkomponentenanalyse (CatPCA) als quantitative Datenanalysemethode angewendet. Ergänzend wurde zur Stabilitätsüberprüfung der Segmente die Clusteranalyse sowie die exakte logistische Regression verwendet.

5.4.1 Qualitative Methoden

5.4.1.1 Datenanalyse in Anlehnung an die Grounded Theory

Das Ziel der Grounded Theory (Corbin und Strauss 1990; Glaser und Strauss 1967; Strauss und Corbin 1990) ist es, einen systematischen Weg aufzuzeigen, anhand dessen sich Theorien auf der Basis von empirischen Daten systematisch ableiten lassen. Dabei sollen nicht nur zugrunde liegende Konstrukte aufgedeckt werden, sondern auch deren Bedingungen und Folgen (Corbin und Strauss 1990). Nach diesem Ansatz sollen Theorien in den Daten verankert sein und sich aus den Daten ergeben. Damit drehen Glaser und Strauss (ebd.) das klassische hypothetisch-deduktive Modell um: Die Theorie steht nicht am Beginn der Erhebung und ist nicht Bezugspunkt empirischer Prüfung, sondern ergibt sich aus den Daten, so dass die

Theoriegenerierung und nicht die Überprüfung einer Theorie am Ende der Forschung steht.

Besondere Bedeutung hat die Grounded Theory erlangt, weil sie dem Forscher neben einer fundierten theoretischen Grundlage auch ausreichend Methoden und Analysewerkzeuge zur Datenauswertung an die Hand gibt. Damit eignet sich dieses Verfahren gut für die Gestaltung von Forschungsdesigns sowie für die Analyse von Daten (Corbin und Strauss 1990). Historisch wird die Grounded Theory eher mit Forschungsarbeiten aus der Organisationsforschung, Soziologie oder Gesundheitsforschung (für einen Überblick: Goulding 2005) assoziiert. Inzwischen finden sich zunehmend mehr Studien in der Marketing- und Konsumentenforschung, bei denen die Datenerhebung oder Datenauswertung in Anlehnung an die Grounded Theory erfolgt (z.B. Goulding 2000; Noble und Phillips 2004; Ringberg, Odekerken-Schröder und Christensen 2007). Dabei ist die Grounded Theory durch ihre sehr konkrete Herangehensweise für die Auswertung explorativer Studien besonders geeignet (Lueger 2007).

Bei der Datenanalyse legt die Grounded Theory ein besonderes Augenmerk auf den Kodierprozess des verschrifteten Interviewmaterials. Das Kodierparadigma umfasst das offene, axiale und selektive Kodieren. Das Kodieren basiert auf einem Konzept-Indikator-Modell, wonach aus den im Material auffindbaren empirischen Sachverhalten (Indikatoren) sukzessiv theoretische Konzepte abgeleitet werden. Das offene Kodieren ist die erste Phase des Kodierprozesses, bei dem in der ersten Datenanalyse vorläufige, häufig noch deskriptive Konzepte und Dimensionen abgeleitet werden. Im weiteren Verlauf der Analyse werden diese verfeinert. Dafür werden mit der Methode des ständigen Vergleichens die Indikatoren zuerst systematisch auf Ähnlichkeiten und Unterschiede verglichen und anschließend mit dem daraus generierten Konzept kontrastiert (Glaser 1978). Bei dem Prozess des axialen Kodierens werden die Kategorien hinsichtlich tatsächlicher und möglicher Bedingungen, Konsequenzen, Strategien und Interaktionen analysiert und in Zusammenhang mit den Subkategorien gebracht (vgl. Spiggle 1994). Der Schritt des selektiven Kodierens beinhaltet innerhalb der generierten Konzepte eine Fokussierung auf

Kernkategorien (Schlüsselprozesse), um die sich die weiteren Konzepte gruppieren. Die Kernkategorie ist das zentrale Element der entwickelten Theorie.

Als reflexive Kontrolle sowie zur Bewältigung des umfangreichen Forschungsmaterials wird bei der Datenanalyse nach der Grounded Theory als drittes wichtiges Element das Schreiben von Memos gefordert. Ein Memo kann aus einem Satz, aber auch aus mehreren Seiten bestehen, in denen der Forscher den Forschungsstand festhält und abgeleitete Kategorien oder Ideen notiert, die in der Auswertungsphase auftauchen. Memos haben daher die Funktion, wichtige Gedanken zu sichern. Gleichzeitig dienen sie der Kontrolle des Analyseprozesses.

5.4.1.2 Vorgehen bei der Datenanalyse

Die Qualität der Ergebnisse ist stark vom Vorgehen der Auswerter abhängig (Früh 2007). Vielfach wird nur ungenau auf das Vorgehen in der Auswertung hingewiesen (Spiggle 1994). Dabei wird durch eine genaue Beschreibung des Vorgehens Transparenz über den Auswertungsprozess geschaffen und dem Leser damit eine Beurteilung der Qualität ermöglicht (Lamnek 2005). Daher wird im Folgenden detaillierter auf das gewählte Vorgehen im Auswertungsprozess eingegangen.

Die Auswertung der Daten erfolgte mit MAXqda, einer Software zur qualitativen Datenanalyse (Weitzman 2000). Der Vorteil der softwaregestützten Auswertung liegt in der Möglichkeit, deutlich größere Datenmengen systematisch und intersubjektiv überprüfbar zu bearbeiten. Durch die daraus resultierende methodisch kontrollierte Arbeitsweise kann die Validität der Auswertung erhöht werden (Kuckartz 2007).

Zusätzlich ermöglichen verschiedene Formen des Datenmanagements (beispielsweise Verlinkung von Codes und Textteilen), der graphischen Aufbereitung (z.B. Häufigkeitsmatrizen) sowie des Text Mining (z.B. gestufte Suchprozesse in ausgewählten Textteilen), Zusammenhänge über eine größere Anzahl von Interviews hinweg zu erkennen. Die computergestützte Form der Auswertung ist von Vorteil, wenn umfassende Datenmengen analysiert werden sollen. In der vorliegenden

Studie galt es, mehr als 70 Stunden Interviewmaterial (ca. 600 Seiten einzeiligen Interviewtext) mit mehr als 1800 kodierten Textsegmenten systematisch zu analysieren.

Die Auswertung wurde von zwei Diplom-Psychologen mit Erfahrung in dem Auswerten von qualitativen Studien durchgeführt. Da die Studie in den Niederlanden durchgeführt wurde, erfolgte zur Absicherung der Datenanalyse die Bildung eines interkulturellen Auswertungsteams, das sich aus einer Deutschen und einer Niederländerin zusammensetzte. Damit konnte sichergestellt werden, dass mögliche kulturelle Einflüsse der Stichprobe angemessen berücksichtigt werden. Die Datenanalyse erfolgte in fünf Schritten (vgl. Abbildung 6). Sie folgte den Grundlagen der Grounded Theory sowie dem vorgeschlagenen Vorgehen von Creswell und Plano Clark (2007) für die Auswertung empirischer Studien, die qualitative und quantitative Analysemethoden nutzen.

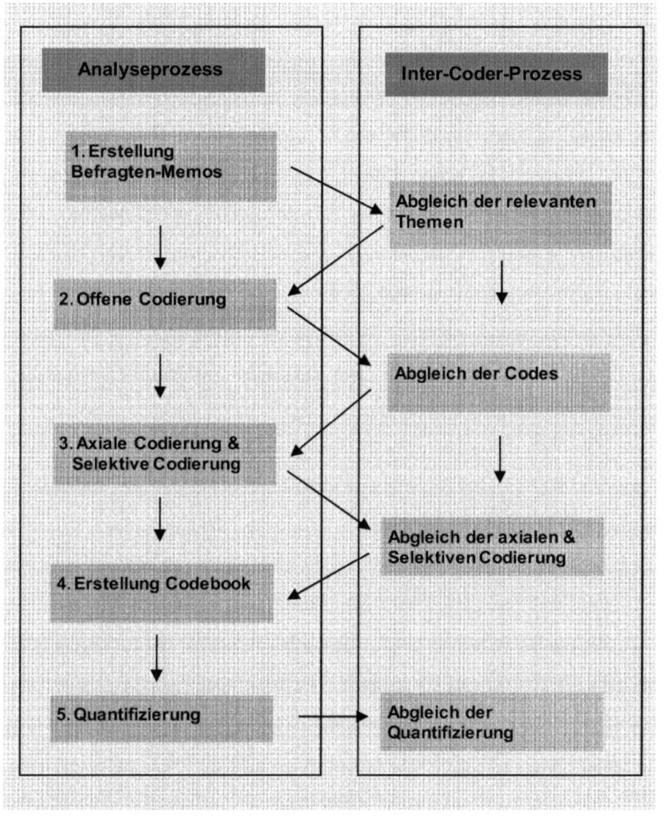

Abbildung 6: Vorgehen bei der Auswertung
Quelle: Eigene Darstellung

Der erste Schritt im Analyseprozess beinhaltete das Erstellen von „Befragten-Memos" mit dem Ziel, ein vorläufiges Verständnis über die wichtigen Themen der Befragten zu erhalten. Dabei wurden die transkribierten (verschrifteten) Interviews mehrfach gelesen. Von jedem Auswerter wurden unabhängig voneinander Zusammenfassungen von 2-3 Seiten pro Interview verfasst. Im Rahmen des Inter-Coder-Prozesses wurden die relevanten Themen untereinander abgeglichen (vgl. Creswell 2003). In diesem Prozess bestand eine vollständige Übereinstimmung zwischen den Auswertern.

Im zweiten Schritt des Analyseprozesses fand die offene Kodierung statt. Die Codes waren zuerst häufig noch In-Vivo-Codes (Textzitate als Code). Durch die Methode des ständigen Vergleichens wurde nach Unterschieden und Ähnlichkeiten sowohl innerhalb eines Interviews als auch zwischen den Interviews gesucht. Daten, die Ähn-lichkeiten aufwiesen, wurden in eine gleiche Kategorie kodiert. Das kontrastierende Vergleichen der Fälle ermöglicht eine Identifikation der Elemente, die gleichartige Fälle miteinander teilen, um so die relevanten Elemente zu selektieren. Während des Fortschreitens der Analyse wurden diese Codes zunehmend verfeinert und abstrahiert. Beispielsweise wurde zuerst *„Heutzutage fährt doch jeder eine Marke A. Das ist doch nichts Besonderes mehr"* als „negative Kommunikation über die Marke" kodiert. Im weiteren Verlauf wurde dieses Textsegmente als „Abwertung der Marke" kodiert, später als „Bewältigungsstrategie" und abschließend als „emotionales Coping" codiert. Der zweite Schritt des Inter-Coder-Prozesses umfasste den Abgleich der Codes zwischen den Auswertern.

Im dritten Schritt des Analyseprozesses erfolgte die axiale und selektive Kodierung. Während des axialen Kodierens werden Verbindungen zwischen den Kategorien und Konstrukten hergestellt. MAXqda unterstützt diesen Auswertungsprozess, indem es durch eine Cross-Case-Darstellung (z.B. Textsegmente aller Befragten zu einem Konstrukt) die unterschiedlichen Textsegmente (Zitate) übersichtlich und systematisch darstellt. Eine kontrastierende Zusammenstellung ist durch gestufte Suchvorgänge möglich, indem beispielsweise nur die Textsegmente bestimmter Personen von einer Kategorie angezeigt werden. So lassen sich leicht Gruppen mit ähnlichen Textsegmenten innerhalb einer bestimmten Kategorie zusammenstellen und mit entgegengesetzten Textsegmenten vergleichen. Beispielsweise können alle Zitate angezeigt werden, die als „positive Kommunikation" kodiert wurden und übersichtlich mit allen Zitaten verglichen werden, die als „negative Kommunikation" kodiert wurden. Eine weitere, unterstützende Darstellungsform von MAXqda zur axialen Kodierung ist der Code-Matrix-Browser. Diese Matrixdarstellung erlaubt es, Besonderheiten von Fällen zu identifizieren und Zusammenhänge zwischen Kategorien zu entdecken wie es das Ziel der axialen Kodierung ist. Nach der axialen Kodierung erfolgte das selektive Kodieren. Dabei werden die Hauptkategorien identifiziert und mit den anderen Kategorien in Beziehung gesetzt. Das Ziel dieser

Phase der Kodierung ist, das Modell herauszuarbeiten, das sich aus der Datenanalyse ergibt. Dabei entsteht die Bedeutung eines Konstrukts erst aus der Beziehung zu den anderen Konstrukten. Auch hier unterstützt die Matrix-Darstellung den Analyseprozess. So zeigte sich in dieser Darstellung, dass ein Zusammenhang zwischen „Schwierigkeiten in der Serviceinteraktion" als Ursache für den Markenwechsel und verschiedenen Copingstrategien in der Post-Trennungsphase besteht. In der Modellentwicklung folgte hieraus eine kausale Kodierung, bei dem das kritische Ereignis (Schwierigkeiten in der Serviceinteraktion) die Ursache für die später folgende Copingstrategie ist. Während des ganzen Kodierprozesses wurde nach Ausnahmen gesucht, die nicht in das entstehende Modell passten. So wurde sichergestellt, dass die Daten nicht in das Modell hineingezwungen wurden. Dafür wurde bei den Diskussionen zwischen den Auswertern bewusst Raum gegeben, um auch andere Interpretationsmöglichkeiten für die Datenzusammenhänge durchzuspielen. Im dritten Schritt des Inter-Coder-Prozesses wurde die axiale und selektive Codierung durch die Auswerter abgeglichen.

Im vierten Schritt des Analyseprozesses erfolgte das systematische Erstellen eines Codebooks. Ein Codebook enthält alle identifizierten Themen mit den dazugehörigen Beispielen und Definitionen sowie den abgeleiteten Kategorien und Konstrukten. Im Gegensatz zu einer quantitativen Studie bei der zentrale Konstrukte a priori anhand bestehender Literatur identifiziert werden, sind bei qualitativen Studien die Konstrukte ein Resultat der Datenanalyse.

Im fünften Schritt des Analyseprozesses wurden entsprechend die Klassifikationsvariablen für die weiterführende kategoriale Hauptkomponentenanalyse identifiziert und in kategoriale Variablen umgewandelt. Im letzten Schritt des Inter-Coder-Prozesses erfolgte zwischen den Auswertern ein Abgleich der Quantifizierungen.

Für die Bewertung qualitativer Studien ist insbesondere das transparente und regelgeleitete Vorgehen ein wesentlicher Aspekt. Entsprechend werden im folgenden Abschnitt wichtige Gütekriterien qualitativer Forschung und deren Anwendung in der vorliegenden Forschungsarbeit vorgestellt.

5.4.1.3 Qualitative Gütekriterien der empirischen Untersuchung

Ganz allgemein können Gütekriterien als Kriterien beschrieben werden, welche die Wissenschaftlichkeit, Güte und Geltung qualitativer Forschungen bewerten (Steinke 1999, 2007). Historisch gesehen entspringen die klassischen Gütekriterien Objektivität, Reliabilität und Validität dem quantitativen Paradigma und sind dort fest etabliert (Bortz und Döring 2006). Dagegen besteht in der Forschungsgemeinschaft der qualitativen Forschung nach wie vor eine Diskussion über die Art und Verwendung von Gütekriterien (vgl. vertiefend Lamnek 2005; Mayring 2002; Steinke 2008). In der Diskussion um geeignete Gütekriterien lassen sich verkürzt folgende Grundpositionen finden:

(1) Ablehnung von Gütekriterien für die qualitative Forschung

In Anlehnung an die postmoderne und sozial-konstruktivistische Sichtweise gehen Vertreter dieser Position davon aus, dass die Formulierung von Gütekriterien für die qualitative Forschung grundsätzlich nicht möglich ist (z.B. Denzin 1990; Richardson 2000).

(2) Eigene Entwicklung von Kriterien

Vertreter dieser Position bezweifeln grundsätzlich, dass sich quantitative Kriterien auf qualitative Kriterien übertragen lassen. Im Gegensatz dazu fordern Vertreter dieser Strömung eine eigenständige Entwicklung von Kriterien auf der Basis der wissenschaftstheoretischen und methodologischen Besonderheiten (z.B. Kelle und Erzberger 2008; Lamnek 2005).

(3) Anpassung der klassischen Gütekriterien

Vertreter dieser Position gehen davon aus, dass quantitative Gütekriterien auf die qualitative Forschung übertragen werden können, indem sie reformuliert und operationalisiert werden (z.B. Bortz und Döring 2006; Kirk und Miller 1986; Lincoln und Guba 1985).

Ein Verzicht auf Gütekriterien geht mit der Gefahr einher, qualitative Forschung mit Willkür und Belieben gleichzusetzen. Die Entwicklung eigener Kriterien stellt die fehlende Vergleichbarkeit qualitativer und quantitativer Forschung in den Mittelpunkt und führt damit zu einer fortgeführten Unvereinbarkeit qualitativer und quantitativer Erhebungsmethoden. Die vorliegende Studie schließt sich daher der letztgenannten Position an, da somit eine bessere Einordnung und Vergleichbarkeit gewährleistet ist. Zusätzlich zeigt sich, dass sich auch die Entwicklung eigenständiger Gütekriterien immer in Bezug zu den bestehenden klassischen Kriterien vollzieht und dass die grundlegenden Zielsetzungen vergleichbar sind. Ähnlich wie quantitative Gütekriterien dienen auch qualitative Gütekriterien dazu, die Vertrauenswürdigkeit (trustworthiness) in die Forschungsergebnisse zu erhöhen (Lincoln und Guba 1985).

Objektivität

Innerhalb der Forschungsgemeinschaft, die das interpretative Paradigma verwendet, herrschen unterschiedliche Meinungen über die Rolle der Objektivität innerhalb der qualitativen Forschung. Nach Bortz (2006) beinhaltet Objektivität in der qualitativen Forschung, dass unterschiedliche Forscher bei der Untersuchung desselben Sachverhalts mit den gleichen Methoden zu vergleichbaren Ergebnissen kommen müssen. Seiner Ansicht nach ist hierfür eine genaue Beschreibung des methodischen Vorgehens und damit verbunden eine gewisse Standardisierung des Vorgehens notwendig.

In der vorliegenden Studie wurde durch einen halbstandardisierten Fragebogen die Vergleichbarkeit der angesprochenen Themen erreicht. Dazu gehörte auch die fest vorgegebene Reihenfolge der erhobenen Fragenkomplexe. Zusätzlich wurde den Interviewern durch den bestehenden Bezugsrahmen sowie die aus der psychologischen Trennungsliteratur identifizierten Themen ein vergleichbares Vorwissen und Themenfokus vermittelt.

Reliabilität

Neben der Objektivität sind auch die klassischen Gütekriterien wie Retest-Reliabilität oder Split-Half Technik nicht unmittelbar auf die qualitative Forschung übertragbar

(Steinke 1999). Im Rahmen der qualitativen Forschung bedeutet Reliabilität, dass wiederholte Interpretationen von Texten zum gleichen Ergebnis kommen. In ihrer Diskussion um die Reliabilität qualitativer Forschung plädieren Kirk und Miller (1986) dafür, Reliabilität durch eine umfangreiche Dokumentation zu erzeugen.

Dieses Konzept wird von einigen Forschern zu einer Form der prozeduralen Reliabilität erweitert (z.B. Flick 2000). Dabei umfasst die prozedurale Reliabilität insbesondere die Regelgeleitetheit des Forschungsprozesses sowie die Explikation des Vorverständnisses des Forschers. Durch die Anlehnung des Auswertungs- und Codierverfahrens an die Vorgehensweise der Grounded Theory wurde ein systematisches Durcharbeiten und ein regelgeleitetes Vorgehen sichergestellt. Zusätzlich wurde durch die computergestützte Analyse die Auswertungsprozedur systematisiert und für weitere Beurteilungen transparent gemacht, um so das intersubjektive Nachvollziehen der Ergebnisse zu erhöhen.

Als herausragendes Maß der Reliabilität innerhalb der qualitativen Forschung gilt die Intercoder-Reliabilität. Durch diese lässt sich messen, wie übereinstimmend verschiedene Forscher das vorliegende Material interpretieren. In dieser Arbeit wurde als Maß der Intercoder-Reliabilität das Maß zur Beobachterübereinstimmung (Bortz und Döring 2006) verwendet. Dabei wird die Anzahl der Übereinstimmungen zwischen den Auswertern im Verhältnis zur Anzahl der beobachteten Objekte anhand folgender Formel berechnet:

$$p = \frac{\sum_{j=1}^{k} f_{jj}}{n}$$

Da die oben genannte Formel keine Fehlerkorrektur für zufällige Übereinstimmung enthält, wurde entsprechend des Vorgehens von Bortz und Döring zusätzlich eine Fehlerkorrektur durch das von Cohen entwickelte Maß κ (Kappa) durchgeführt. Die Fehlerkorrektur entspricht der folgenden Formel:

$$\kappa = \frac{p - p_e}{1 - p_e}$$

Dabei ist p_e eine Schätzung für die zu erwartende zufällige Übereinstimmung, die sich folgendermaßen berechnet ($f_{.j}$ = Spaltensumme und $f_{j.}$ = Zeilensumme).

$$p_e = \frac{1}{n_2} \cdot \sum^{k}_{j=1} f_{.j} f_{j.}$$

Dieses Maß zur Beobachterübereinstimmung wurde für die beiden Auswerter angewendet. Zusätzlich wurden 15% der Interviews, die nach dem Zufallsprinzip ausgewählt wurden, zwei weiteren Forschern anderer Schwerpunktbereiche (Klinische Psychologie und Marketing) vorgelegt. Diese wurden dann um eine Einordnung der Interviews in das entwickelte Kategoriensystem gebeten. Eine gute Übereinstimmung erfordert κ-Werte über 0,70 (Bortz und Döring 2006). In der vorliegenden Studie ergaben sich für die unterschiedlichen Übereinstimmungsmaße der einzelnen Forscher gute Übereinstimmungswerte (alle Werte lagen zwischen 0,81 – 0,96).

Validität

Ähnlich wie auch in der quantitativen Forschung gilt die Validität auch in der qualitativen Forschung als das wichtigste Gütekriterium (Bortz und Döring 2006). Insbesondere die interne Validität ist in der qualitativen Forschung von besonderer Bedeutung, da sie das Ziel verfolgt, die Glaubwürdigkeit zu erhöhen (vgl. Lincoln und Guba 1985).

Nach Lincoln und Guba (ebd.) sind hierfür beispielsweise die Methoden der kommunikativen Validierung und der Falsifikation angemessen (vgl. auch Steinke 1999). Während Lincoln und Guba (ebd.) in früheren Werken die Triangulation als eine weitere Möglichkeit der Validierung betrachten, rücken sie in späteren Arbeiten davon ab (vgl. Flick 2007). Daher wird im Folgenden darauf nicht weiter eingegangen.

Die kommunikative Validierung dient der Absicherung, dass der Forscher die Befragten richtig verstanden hat. In einem zweiten Gespräch werden die Ergebnisse der Analyse mit den Befragten besprochen. Die kommunikative Validierung gerät an ihre Grenzen, wenn es um tieferliegende psychologische Konstrukte geht (Flick 2007). Da im Mittelpunkt der vorliegenden Arbeit die Bedeutungsebene, d.h. die zugrundliegenden Konstrukte stehen, wurde auf eine kommunikative Validierung verzichtet. Stattdessen wurde schon während der Interviewphase die Methode der Paraphrasierung verwendet. Dabei fassen die Interviewer in eigenen Worten zusammen, wie sie Aussagen verstanden haben und geben dem Befragten damit die Möglichkeit, Missverständnisse sofort aufzudecken. Dieses Vorgehen hat auch den Vorteil, dass schon während des Interviews sichergestellt werden kann, dass der Interviewer das Bezugssystem des Befragten versteht und das Interview angemessen vertiefen kann.

Bei dem Falsifikationsversuch wird gezielt nach Widersprüchen oder Gegenbeispielen in dem Interviewmaterial gesucht (vgl. auch Glaser und Strauss 1967). Besonders bei der Entwicklung von Theorien oder Modellen unterstützen Falsifikationsversuche die Güte der Auswertung, indem sie durch dieses Vorgehen zu einer Modifikation der Theorie führen, die die Daten zunehmend besser abbildet (Spiggle 1994; Steinke 2007). In der vorliegenden Studie wurde dieses Verfahren gezielt angewendet und damit die Theorie kontinuierlich erweitert. Ein Beispiel für solch eine Falsifizierung war der Widerspruch zwischen Markenzuneigung und Kommunikation über die Marke, der sich in einzelnen Interviews abzeichnete. Die Mehrzahl der Interviews zeigte gleichgerichtete Reaktionen, bei der hohe Markenzuneigung mit positiver Kommunikation einherging. Allerdings zeigte sich bei einigen Befragten ein gegenläufiges Muster. Bei ihnen ging eine hohe Markenzuneigung mit einer gleichzeitigen Abwertung der Marke einher. Erst dieses Betrachten der Widersprüche in den Daten offenbarte die tieferliegende Ebene und erweiterte das entwickelte Modell, da aus diesem scheinbaren Widerspruch deutlich wurde, dass es sich hierbei um Coping (Bewältigungsstrategien) handelt.

5.4.2 Quantitative Methoden und ihre Gütekriterien

5.4.2.1 Kategoriale Hauptkomponentenanalyse (CatPCA)

Die Integration von qualitativen und quantitativen Verfahren (Methodentriangulation) bei der Datenauswertung ermöglicht eine dichte Beschreibung der neu entdeckten Konstrukte, ohne dass auf eine Reduktion des Datenmaterials auf zentrale Konstrukte und Faktoren verzichtet werden muss. Im Rahmen der Methodentriangulation bietet der Mixed Methods Ansatz (Creswell und Clark 2007; Foscht, Angerer und Swoboda 2007; Tashakkori und Teddlie 2002) eine Möglichkeit, quantitative Verfahren sinnvoll in den Prozess der Analyse qualitativer Daten zu integrieren. Dabei sind für die Auswertung qualitativer Daten besonders verteilungsfreie Verfahren relevant, da sie nicht-metrische oder gemischt-metrische Daten analysieren können.

Explorative Fragestellungen lassen sich mit strukturentdeckenden Verfahren wie beispielsweise der Hauptkomponentenanalyse, der Clusteranalyse oder der mMultidimensionalen Skalierung beantworten. Für die vorliegende Fragestellung ist die kategoriale Hauptkomponentenanalyse (CatPCA) besonders geeignet, da sie für kleine Datensätze anzuwenden ist und zusätzlich Variablen und Personen in einem gemeinsamen Raum darstellt. Damit können graphisch Zusammenhänge zwischen einzelnen Variablen, zwischen einzelnen Objekten (Personen) sowie zwischen Variablen und Objekten aufgedeckt werden.

Die CatPCA gehört zu den strukturentdeckenden Verfahren. Sie ist eine verallgemeinerte Form der linearen Hauptkomponentenanalyse (Principal Components Analysis, PCA). Im Gegensatz zur klassischen Hauptkomponentenanalyse können bei der CatPCA unterschiedliche Skalenniveaus verwendet und lineare wie auch nicht-lineare Beziehungen abgebildet werden (Linting et al. 2007; Meulman, Kooij und Heiser 2004). Bei der Hauptkomponentenanalyse wird die Anzahl numerischer, korrelierter Variablen auf eine Anzahl geringerer, unkorrelierter Hauptkomponenten (oder Faktoren) verdichtet mit dem Ziel, dass die einzelnen Hauptkomponenten so viel Varianz der Variablen wie möglich wiedergeben. Da sich das Konzept der Varianz nur auf numerische Variablen anwenden lässt, verwendet die CatPCA den Algorithmus der optimalen Skalierung.

Die optimale Skalierung von multivariaten (kategorialen) Daten ist ein sehr allgemeiner Ansatz, dessen Ursprünge sich auf Guttman (1941) oder Fisher (1948) zurückführen lassen. Guttman (ebd.) entwickelte beispielsweise eine Technik, die er als Hauptkomponentenanalyse für qualitative Daten beschrieb, die später die Grundlage der Korrespondenzanalyse wurde. Eine andere Richtung, welche die optimale Skalierung vorantrieb, bildeten die Arbeiten im Bereich der nicht-linearen multidimensionalen Skalierung in den 60er Jahren. Seitdem wurde die optimale Skalierung mehr und mehr in multivariate Verfahren integriert, die bis dahin nur für metrische Daten geeignet waren. Wichtige Beiträge sind beispielsweise bei Kruskal und Shepard (1974), Young, de Leeuw und Takane (1976) oder Gifi (1990) zu finden (vgl. ausführlich Gifi 1990).

Die Technik der Optimalen Skalierung wird für unterschiedliche Methoden (z.B. Regressionsanalyse, Hauptkomponentenanalyse, multiple Korrespondenzanalyse, etc.) verwendet und ist aus unterschiedlichen Strömungen heraus entstanden. Daher existiert für diese Technik eine Vielzahl an verschiedenen Begriffen. Im Englischen wird zumeist der Begriff Optimal Scaling (OS) oder Alternating Least Squares Optimal Scaling (ALSOS) verwendet. Des Weiteren finden sich in der Literatur Bezeichnungen wie Dual Scaling (Nishisato 2004), Optimal Scoring, Optimal Quantification oder Optimal Transformation (vgl. Linting et al. 2007). Je nachdem für welche Methode die Optimale Skalierung angewendet und mit welchem Programm gerechnet wird, finden sich in der Literatur zusätzlich Begriffe wie beispielsweise nicht-lineare Hauptkomponentenanalyse Homogenitätsanalyse (HOMALS, Gifi 1990), Principal Components Analysis via Alternating Least Squares (PRINCIPALS, Didow, Jr. und Williamson 1983) oder Categorical Principal Components Analysis (CatPCA, Meulman und Heiser 2005). In der vorliegenden Arbeit steht die Abbildung und Überprüfung kategorialer Zusammenhänge multipler Variablen im Mittelpunkt. In Anlehnung an die in SPSS 14.0 von Meulman und Heiser (2005) verwendete Terminologie wird daher im Folgenden ausschließlich von der kategorialen Hauptkomponentenanalyse (CatPCA) gesprochen. Im Marketing wurde die Methode der optimalen Skalierung für unterschiedliche Studien verwendet (z.B. Alden, Steenkamp und Batra 1999; Dillon et al. 2001; Hoffman und Novak 1996).

Das Vorgehen der kategorialen Hauptkomponentenanalyse lässt sich als iterativer Prozess beschreiben. Dabei entspricht sie einem verallgemeinerten Ansatz der Hauptkomponentenanalyse. Nach Didow et al. (1985) erfolgt das Ziel der Dimensionsreduktion bei der PCA, indem eine *n* x *m* Datenmatrix **X** mit n Objekten (Personen) und m Variablen durch die Komponentenmatrix **C** (eine *n* x *r* Matrix, wobei r die Anzahl der Komponenten ist) zu schätzen ist, die mit der Ladungsmatrix **L** (eine *m* x *r* Matrix) multipliziert wird.

Die Gleichung für die geschätzte Matrix sieht folgendermaßen aus:

(1) $$X = CL'$$

(2) $$\theta = sp(X - X)' (X - X)$$ [9]

Die kategoriale Hauptkomponentenanalyse erweitert den Ansatz der linearen Hauptkomponentenanalyse auf alle Skalenniveaus. Das bedeutet, die Optimierungsfunktion von Gleichung (2) kann folgendermaßen verallgemeinert werden:

(3) $$\theta^* = sp(X^* - \hat{X}^*)' (X^* - \hat{X}^*)$$

Dabei ist **X*** die Datenmatrix mit den optimal skalierten Werten, welche die Werte der Variablen (kategorial, ordinal oder intervallskaliert) der Datenmatrix **X** ersetzen. Die optimal skalierten Werte sollen in Abhängigkeit der Restriktionen des Datenniveaus die Verlustfunktion θ^* minimieren. Die Schätzung der Modellparameter für die Hauptkomponentenanalyse und die optimale Skalierung werden sequenziell durchgeführt (vgl. Perreault und Young 1980). Die optimal skalierten Werte werden durch Minimierung der Kleinstquadrate-Verlustfunktion geschätzt. Innerhalb eines iterativen Prozesses werden abwechselnd die Modellparameter für die Haupt-

[8] In der linearen Algebra bezeichnet man als die Spur (sp) einer quadratischen n x n Matrix **X** über einen Körper *K* die Summe der Diagonalelemente dieser Matrix (engl. trace oder tr abgekürzt).

komponentenanalyse und die optimal skalierten Werte geschätzt. Während der Schätzung eines Parameters werden die anderen Parameter konstant gehalten. Für die Schätzung der Parameter alternieren die Schätzungen durch einen iterativen Algorithmus, der zu einem Optimum hin konvergiert, an dem sich die Werte der optimalen Quantifizierungen nicht mehr verändern (vgl. Abbildung 7).

Die Gesamtheit der Quantifizierungen einer Variablen entspricht dabei der Optimalen Transformation. Ebenso wie numerische Variablen enthalten die Quantifizierungen eine Varianz und sind damit für die Berechnung multivariater Verfahren geeignet (vgl. Linting et al. 2007).

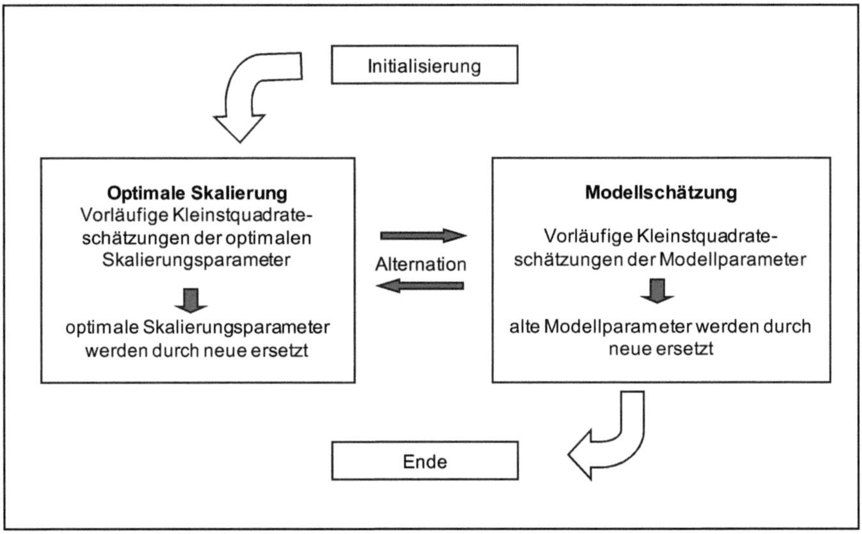

Abbildung 7: Iterationsprozess der Optimalen Skalierung
Quelle: Perreault, Forrester und Young (1980, S. 3)

Die Quantifizierungen werden so gewählt, dass die erklärte Varianz der quantifizierten Variablen maximal wird. Im Gegensatz zu der klassischen Hauptkomponentenanalyse, bei der die Korrelationsmatrix analysiert wird, analysiert die CatPCA die Datenmatrix. Dies ermöglicht die Darstellung von Objekten und

Variablen in einem gemeinsamen Raum. Ähnlich wie es für standardisierte Variablen gilt, sollte mit optimal skalierten Variablen nicht beliebig weitergerechnet werden, da die klassischen multivariaten Verfahren auf Normalverteilungsannahmen beruhen, die durch eine Quantifizierung nicht gegeben sind. Entsprechend wurde auf eine fortführende quantitative Analyse der Daten verzichtet.

Gütekriterien

Das von der kategorialen Hauptkomponentenanalyse für die Quantifizierung der beobachteten Daten verwendete Kriterium besteht darin, dass die Objektwerte (Komponentenwerte) starke Korrelationen mit jeder der quantifizierten Variablen aufweisen sollten. Eine Lösung ist gut in dem Grad, in dem dieses Kriterium erfüllt wird. Da die nichtlineare Hauptkomponentenanalyse die Zusammenhänge der Korrelationsmatrix der transformierten Variablen maximiert, ist der overall goodness-of-fit Index die Summe der *P* größten Eigenwerte (wobei P die Anzahl der gewählten Dimensionen ist). Dieser Wert entspricht der Summe der ausgewiesenen Varianz (variance accounted for, VAF), der sich aus der Summe der quadrierten Komponentenladungen der Variablen pro Dimension P_i ergibt. Ein weiteres Maß für die Bewertung der Güte der Hauptkomponentenlösung ist Cronbach's Alpha:

$$\alpha = M\,(\lambda\text{-}1)\,/\,(M\text{-}1)\,\lambda$$

Dabei ergibt sich der Wert α in Abhängigkeit von M und λ, wobei M die Anzahl der vorhandenen Variablen darstellt und λ dem größten Eigenwert der Korrelationsmatrix entspricht.

5.4.2.2 Exakte logistische Regression

Als ergänzende Methode in der vorliegenden Studie wird zur externen Validierung der Clusterlösung die exakte logistische Regression verwendet. Als Regressionsansatz ist sie eine spezielle Form der logistischen Regression. Die logistische Regression ist „[...] one of the most frequently used statistical methods“ (King und Ryan 2002, S. 163). Sie weist methodisch eine Verwandtschaft mit der Regressionsanalyse und der Diskriminanzanalyse auf.

Die logistische Regression wird bei Fragen eingesetzt, bei denen die Eintrittswahrscheinlichkeit eines Ereignisses (z.B. Kauf bzw. Nicht-Kauf) und die Determinanten der Wahrscheinlichkeit im Forschungsinteresse stehen. Während die Regressionsanalyse eine metrische skalierte Zielvariable voraussetzt, ist die abhängige Variable (Ereignis) bei der logistischen Regression kategorial (binär oder multinominal). Die unabhängigen Variablen dürfen unterschiedliche Skalenniveaus aufweisen (Backhaus et al. 2006). Wie bei der Regressionsanalyse wird bei der logistischen Regression der Einfluss unabhängiger Variablen auf die abhängige Variable mittels eines Regressionsansatzes ermittelt. Die logistische Regressionsfunktion unterstellt jedoch eine nicht-lineare Wahrscheinlichkeitsbeziehung zwischen den unabhängigen Variablen und dem Ereignis.

Die Schätzung der Modellparameter erfolgt bei der „klassischen“ logistischen Regression auf der Maximum Likelihood (ML)-Methode, die eine approximative Normalverteilung voraussetzt (Kohler und Kreuter 2008). Insbesondere bei kleinen Fallzahlen oder sehr asymmetrischen Designs ist diese Voraussetzung häufig nicht gegeben. „Unfortunately, ML can fail completely or at least produce poor results in terms of *p*-values und confidence intervals for the $ß_i$, especially for small and sparse datasets” (King und Ryan 2002, S. 163). Zur Umgehung dieser Problematik wurde eine Alternative zur Anwendung der ML-Methode im Rahmen der logistischen Regression eingeführt, die auf der Bestimmung von sogenannten „Conditional Maximum Likelihood Estimates“ (CMLE) basiert und als bedingte logistische Regression oder exakte logistische Regression bezeichnet wird. Die theoretische Fundierung für die exakte logistische Regression wurde ursprünglich von Cox (1970) entwickelt.

Die grundlegende Idee der exakten logistischen Regression beschreiben King und Ryan (2002, S. 164) als „The general idea was to base inferences on exact permutational distributions of the sufficient statistics that correspond to the regression parameters of interest, conditional on fixing the sufficient statistics of the remaining parameters at their observed values. Thus, this was *exact conditional inference"*. Bei der exakten logistischen Regression werden die Parameter geschätzt, indem die bedingte Verteilung der suffizienten Statistiken spezifiziert wird. Mit diesen Schätzungen wird in der Folge die ML-Schätzung dieser Verteilung berechnet.

Die exakte logistische Regression testet die Nullhypothese $H_0 : ß_1 = 0$ gegen die Alternative $H_A : ß_1 = 0$ unter der Bedingung, dass $T_l = t_l$. Die Teststatistik für den exakten Wahrscheinlichkeitstest ist $f_{ß1} = {}_0 (t_1 \mid t_0)$. Der entsprechende p-Wert ist die Wahrscheinlichkeit, eine weniger wahrscheinliche Statistik zu erhalten. Eine umfassendere Darstellung des zugrundeliegenden Algorithmus der exakten logistischen Regression findet sich bei Mehta und Patel (1995) oder bei Tritchler (1984).

Aufgrund der hohen benötigten Rechnerkapazitäten wurde dieser Ansatz lange Zeit als nicht berechenbar angesehen. Erst Fortschritte bei der Algorithmusentwicklung ermöglichten die Umsetzung der Methode auch für die praktische statistische Anwendung. Hirji, Mehta und Patel (1987) haben einen effizienten Algorithmus entwickelt, um die benötigten bedingten Verteilungen zu erzeugen. „[...] it is now possible to compute parameter estimates, confidence intervals and *p*-values for statistical tests using methodology based on exact permutation distributions. The key is conditioning on the appropriate sufficient statistic" (Stokes, Davis und Koch 2000, S. 225).

Die exakten bedingten Inferenzen lassen sich mit der exakten schlussfolgernden Statistik der 2x2 Kontingenztafeln vergleichen und unterliegen damit einer ähnlichen Kritik wie Kontingenztafeln. „[...] exact inference of a contingency table is hard to justify if the marginal totals are not fixed. The „exact" estimation of logistic regression parameters is somewhat analogous to the exact inference for a contingency table since the values of the sufficient statistics for the parameters not being estimated are fixed at their observed values" (King und Ryan 2002). Entsprechend werden exakte bedingte Inferenzen kontrovers diskutiert, wobei aber die Befürworter zu überwiegen scheinen (vgl. King und Ryan 2002).

6 Ergebnisse

> "There probably exists no greater threat to a person's self-esteem than to be the target of interpersonal rejection. Rejection signifies the loss of a potentially meaningful relationship, and termination of the bond alone may be devastating. But the implications of rejection go far beyond the broken relationship. Rejection may be interpreted as a sign that one lacks (or no longer possesses) the personal qualities that make one a desirable relationship partner."
> Sommer, 2001, S. 167

Aus der explorativen und induktiven Untersuchung der Post-Trennungsphase resultieren fünf Ergebnisteile (vgl. Abbildung 8). Im qualitativen Ergebnisteil werden zuerst in Kapitel 6.1 die identifizierten Konstrukte und ihr zugrundeliegender Bedeutungsgehalt vorgestellt. Dabei spielt das erlebte kritische Ereignis für die Konsumentenreaktionen in der Post-Trennungsphase eine zentrale Rolle. Interessanterweise zeigt sich dabei, dass sich das Erleben von Ablehnung nicht nur auf nahe, persönliche Beziehungen beschränkt. Auch Konsumenten in Markenbeziehungen erleben Ablehnung und das Gefühl kein attraktiver Beziehungspartner zu sein. Aufbauend auf dem qualitativen Ergebnisteil werden in Kapitel 6.2, dem quantitativen Ergebnisteil, Segmente mit ähnlichen Reaktionsmustern in der Post-Trennungsphase identifiziert. Die Ergebnisse zeigen vier unterschiedliche Segmente, die sich auf den beiden Dimensionen (Faktoren) „beziehungsbezogene Reaktionen" und „trennungsbezogene Reaktionen" unterscheiden lassen. In Kapitel 6.3 integriert der dritte Ergebnisteil im Sinne der Ergebnistriangulation die zuvor gefundenen qualitativen und quantitativen Ergebnisse und stellt die Reaktionsweisen der einzelnen Segmente vor. Die quantitative Überprüfung der Zusammenhänge zwischen den Phasen der Konsumentenbeziehung entsprechend des entwickelten Frameworks (vgl. Kap.4) sowie eine externale Validierung der Clusterlösung erfolgen in Kapitel 6.4. Dabei werden für die externale Validierung Variablen verwendet, die bei der bisherigen Clusterentwicklung nicht genutzt wurden. Abschließend wird aus den zuvor dargestellten Ergebnissen in Kapitel 6.5 ein theoretisches Modell entwickelt. Das *„Modell zu Anpassungsreaktionen in der Post-Trennungsphase"* bildet Bedingungen und Folgen der Post-Trennungsphase ab.

Es beschreibt in vereinfachter Form Konsumentenreaktionen in der Post-Trennungsphase sowie die Bedingungen, die aus Konsumentensicht zu diesen Reaktionen geführt haben.

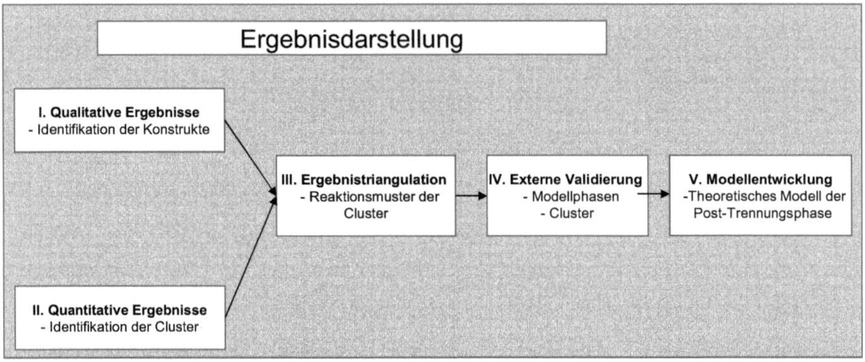

Abbildung 8: Ergebnisdarstellung
Quelle: Eigene Darstellung

Damit leistet die vorliegende Arbeit ebenfalls einen Beitrag zur Theorienbildung innerhalb des Relationship Marketing.

6.1 Identifikation der Konstrukte

Aus der qualitativen Analyse ließen sich sieben Konstrukte markenrelevanter Reaktionen ehemaliger Konsumenten in der Post-Trennungsphase identifizieren. Für eine verbesserte Lesbarkeit werden die Konstrukte in ihrer Reihenfolge so vorgestellt, wie sie später als Ergebnis der kategorialen Hauptkomponentenanalyse (CatPCA) vorlagen (vgl. Abbildung 9). Dabei zeigt sich, dass sich die Konstrukte der Post-Trennungsphase zu zwei unabhängigen Faktoren verdichten lassen, den „beziehungsbezogenen Reaktionen“ und den „trennungsbezogenen Reaktionen“.

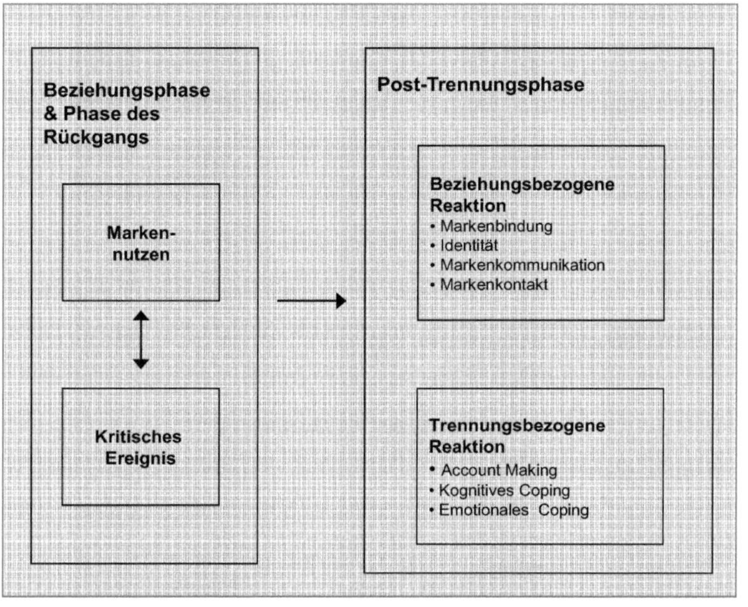

Abbildung 9: Ausschnitt aus dem „Modell zu Anpassungsreaktionen in der Post-Trennungsphase"

Quelle: Eigene Darstellung

6.1.1 Beziehungsphase

In den Interviews stellen die Befragten einen Zusammenhang zwischen der Post-Trennungsphase und der Beziehungsphase her. Sie nutzen Beschreibungen über die persönliche Bedeutung der Marke und die kritischen Ereignisse, um ihre Reaktionen in der Post-Trennungsphase verstehbar und plausibel zu machen.

6.1.1.1 Symbolischer Markennutzen

Die Marke unterstützt Konsumenten in ihrem Bedürfnis nach Anerkennung, Ausdruck der eigenen Werte oder Zugehörigkeit zu einer bevorzugten Gruppe. Insbesondere bei Marken, die öffentlich konsumiert werden, sowie bei Premium- oder Luxusmarken unterstützt der symbolische Markennutzen das Selbstwertgefühl. Die Bedeutung der Markenbeziehung wird rückblickend nach dem Ende der Markenbeziehung von den Befragten beschrieben. Während der funktionale Markennutzen von den Befragten als notwendige Voraussetzung angesehen wird, unterscheiden sich die Konsumenten hinsichtlich eines hohen oder niedrigen symbolischen Markennutzens (vgl. Tabelle 3).

Tabelle 3: Konstrukt „Symbolischer Markennutzen“

	Häufigkeit (N=43)	**Prozent**
Symbolischer Markennutzen		
hoch	30	70%
niedrig	13	30%

Quelle: Eigene Darstellung

Hoher symbolischer Markennutzen

Charles ist mehr als 20 Jahre Marke A gefahren. Der Markenbesitz ist für ihn ein Zeichen seines Erfolges im Leben. In seiner Selbstwahrnehmung hat er es im Leben „geschafft“. Er ist der „einfache Mann“, der sich durch harte Arbeit den Luxus der Marke A leisten kann und dadurch Anerkennung und Bewunderung aus seinem sozialen Umfeld bekommt.

> Ich bin ein ziemlich geschäftstüchtiger Bursche. Ich habe über 40 Jahre für die Post gearbeitet, hatte nie einen tollen Job. Aber ich habe Tag und Nacht gearbeitet [...] und ohne zu lügen, ich muss sagen, ich habe das Gefühl, ich habe es im Leben geschafft. Ich bin überall willkommen, ich bin ein fröhlicher Mensch, komme gut mit Frauen aus [...] ich bin einfach beliebt und nicht, dass es eingebildet klingt, aber ich bin einfach ein unterhaltsamer Typ. [...] Wenn ich irgendwo hinkomme, sagen die Leute immer, dass ich ein wirklich schönes Auto habe [...] Leute, die ich gut kenne fragen mich „Könntest Du meinen Sohn an seiner Hochzeit mit dem Auto fahren?“ und all solche Sachen.
> (Charles, Z130-133; Z344-358)

Für Charles ist der Markenbesitz verbunden mit dem Selbstbild des erfolgreichen „self-made man", der es geschafft hat. Er ist auf sich und seinen Besitz stolz. Er genießt die Anerkennung, die er für das Auto bekommt und die Erfahrung, dass er mit dem Auto in seinem Umfeld begehrt und beliebt ist. Mit der Marke kann Charles seine Zugehörigkeit zu den erfolgreichen Menschen, die es „im Leben geschafft" haben, demonstrieren. Der Markenbesitz führt zu Bestätigung und Erhöhung des eigenen Selbstwertes. Als Statussymbol ist die Marke ein Ausdruck des eigenen materiellen Erfolges und bietet Konsumenten *„ein bisschen Genugtuung"* (Michael, Z131) erfolgreicher als andere zu sein. Auch Frank ist mehr als 25 Jahre Marke A gefahren. Die letzten Jahre fuhr er die teuerste Modellklasse, worauf er sehr stolz ist. Mit Marke A kann Frank seinen Status ausdrücken und sich darstellen.

> Sie müssen wissen, dass ich sehr stolz auf mein Modell X bin [...]. Mit dem Modell X kann man sich sehen lassen. Das ist ein **sehr** repräsentatives Auto. [...] wenn man irgendwohin kommt, dann bekommt man doch oft sehr positive Reaktionen auf das Auto. (Frank, Z84, Z96-98)

Für Frank ist es ein repräsentatives Auto, das ihm regelmäßige Anerkennung sichert und damit eine hohe selbstwertrelevante Bedeutung hat. Durch die Markennutzung können die Konsumenten ihren Stolz auf ihre eigenen Erfolge sichtbar machen. Während der Markenbeziehung stärkt die Marke das Selbstwertgefühl der Konsumenten. Ähnlich wie in Partnerschaften strahlt das Prestige des einen Partners auf den anderen Partner aus (*„da [mit der Marke] fühlte ich mich wieder besser – es strahlte von mir aus, sozusagen."* Fred Z155).

Niedriger symbolischer Markennutzen

Einen hohen symbolischen Markennutzen hat die Marke nicht immer. Betty beschreibt sich selbst als *„nicht markenbewusst"* (Z107). Sie kann sich weder mit der Marke A noch mit einer anderen Marke identifizieren. Für sie ist ein Auto ein Nutzenobjekt, das nach ökonomischen Gesichtspunkten beurteilt wird. Bei ihr löst der Besitz des Autos weder Stolz aus, noch ist es ihr wichtig, von ihrem Umfeld für den Markenbesitz Anerkennung zu bekommen.Der symbolische Markennutzen verdeutlicht die Vorteile, die Konsumenten für sich während der Markenbeziehung erleben können. In der Post-Trennungsphase ist dieser Nutzen nicht mehr vorhanden. Abhängig von dem neuen Beziehungspartner verändert sich der bisherige Nutzen und kann in der Post-Trennungsphase zu positiven oder zu bedauernden Reaktionen führen. Besonders konfliktreich wird es für Konsumenten, wenn der selbstwertstärkende Aspekt des symbolischen Markennutzens durch selbstwertbedrohliches Verhalten der Marke während der Konsumentenbeziehung in Frage gestellt wird. Die Marke zeigt damit aus Konsumentensicht ein „Janusgesicht". Während die Produktnutzung das Selbstwertgefühl der Konsumenten stärkt, bedroht die Marke in kritischen Serviceinteraktionen das Selbstwertgefühl der Konsumenten, indem sie Konsumenten ablehnend oder abschätzig behandelt. Die folgenden kritischen Ereignisse verdeutlichen diesen Konflikt.

6.1.1.2 Kritisches Ereignis

Dem Ende einer Beziehung gehen sichtbare oder nicht-sichtbare Ursachen voraus. Dabei können diese Ursachen ein einzelnes kritisches Ereignis darstellen oder eine Vielzahl an kritischen Ereignissen, die sich über einen längeren Zeitraum hinweg ereignet haben. Die Einteilung der Ursachen für das Beziehungsende wurde in Anlehnung an Fournier (1998) vorgenommen.[9] Die partnerbezogenen Ursachen für das Ende der Markenbeziehung lagen ausschließlich in den konsumentenbezogenen Ursachen wie eine persönlich veränderte Situation oder finanzielle Restriktionen. Die beziehungsbezogenen Ursachen wurden in Schwierigkeiten in der Serviceinteraktion und Kernfehler unterteilt (vgl. Keaveney 1995). Während sich 84% der Kunden einer Kategorie zuordnen ließen, gaben 16% der Befragten (n=7) an, dass konsumentenbezogene und beziehungsbezogene Ursachen gleichermaßen zum Beziehungsende beigetragen haben. Im Folgenden werden die einzelnen kritischen Ereignisse für das

[9] In ihrer Arbeit unterscheidet Fournier (ebd.) zwischen einem Entropie-Modell und einem Stress-Modell (vgl. Kapitel 2.2.3). Aufgrund des high-involvements der Premiummarke und der häufigen Nutzung des Produktes in dieser Stichprobe, spielte das "Vergessen der Beziehung" wie im Entropie-Modell angenommen keine Rolle. Zudem ließen sich in der vorliegenden Studie keine Konsumenten finden, die aufgrund von umfeldbezogenen Ursachen (z.B. fehlende Verfügbarkeit der Marke, Eintritt neuer Wettbewerber) die Markenbeziehung beendet haben. Dies lässt sich mit der globalen Verfügbarkeit und dem hohen Status der Marke erklären.

Ende der Markenbeziehung aus Konsumentensicht dargestellt. Tabelle 4 zeigt die Häufigkeiten der Ursachen für das Beziehungsende in der vorliegenden Studie.

Konsumentenbezogene Ursachen: persönliche Gründe

Bei den konsumentenbezogenen Ursachen liegen Gründe für das Beziehungsende in der Person des Konsumenten und sind unabhängig von dem Markenverhalten. Beispielsweise sind es veränderte persönliche Situationen (*„Nach meinem Herzinfarkt musste ich das Auto verkaufen. Ich konnte kein Auto mehr mit Gangschaltung fahren.“* Joseph, Z72), finanzielle Restriktionen (*„Es war einfach eine finanzielle Entscheidung, die ich getroffen habe. Es lagen 10.000 Euro zwischen Marke X_1 und der neuen Marke A.“* Michael, Z209) oder veränderte Bedürfnisse (*„Wir haben ein Haus in Spanien und waren viel unterwegs. Da dachte ich mir [...] ein kleineres Auto ist für mich auch in Ordnung.“* Helen, Z208), die zu dem Ende der Beziehung führen. Auch wenn einzelne Konsumenten während ihrer Markenbeziehung Produkt- oder Serviceprobleme erlebt haben, lag der Grund für das Beziehungsende in der Person des Konsumenten. Die Konsumenten beenden die Beziehung freiwillig und zu einem frei gewählten Zeitpunkt – im Gegensatz zu Konsumenten, die aufgrund von Schwierigkeiten in der Serviceinteraktion die Beziehung unfreiwillig beenden.

Tabelle 4: Konstrukt „Kritisches Ereignis“

	Häufigkeit (N=43)	**Prozent**
Kritisches Ereignis		
Konsumentenbezogene Ursachen	19	44%
Beziehungsbezogene Ursachen (Service Interaktion)	10	23%
Beziehungsbezogene Ursachen (Kern-fehler)	7	16%
Konsumentenbezogene Ursachen & beziehungsbezogene Ursachen	7	16%

Quelle: Eigene Darstellung

Beziehungsbezogene Ursachen: Schwierigkeiten in der Serviceinteraktion

Serviceinteraktionen sind in allererster Linie soziale Interaktionen (Ganesh, Arnold und Reynolds 2000). Servicefehler sind daher zumeist Schwierigkeiten in der Interaktion und damit in der Beziehung zwischen Konsument und Händler. Während die Marke durch ihren symbolischen Markennutzen auf der einen Seite das Selbstwertgefühl des Konsumenten stärkt, bedroht sie es auf der anderen Seite durch Interaktionsfehler des Händlers, wenn er Konsumenten ignoriert, ablehnt oder geringschätzig behandelt. Für Carl hatte die Markenbeziehung einen hohen symbolischen Markennutzen. Die Marke A war der zuverlässige Partner an seiner Seite. Umgekehrt zeigte er seine Anerkennung der Marke gegenüber, indem er über 40 Jahre ein loyaler Konsument war. Durch die bisherige Serviceinteraktion war er es gewohnt, wertschätzend und voller Anerkennung behandelt zu werden. Veränderungen in der Händlerstruktur führen bei Carl dazu, dass ihn plötzlich keiner mehr kennt. Als er ein neues Auto kaufen möchte, reagiert keiner der neuen Verkäufer auf ihn. Nach mehreren Jahrzehnten Anerkennung und Wertschätzung erlebt Carl, dass er als Beziehungspartner gleichgültig und unbedeutend ist.

> Ich war letztens einmal da [...] Niemand kam auf mich zu. Niemand fragte: ‚Kann ich Ihnen helfen, haben Sie Interesse an etwas?'. Da dachte ich: ‚Das ist das letzte Mal. Hier gehe ich nicht mehr hin.' (Carl, Z47-Z48)

Menschen haben ein elementares Bedürfnis nach Zugehörigkeit zu sozialen Gruppen und Akzeptanz von anderen (Baumeister und Leary 1995). Die Ausgrenzung aus für das eigene Selbstwertgefühl bedeutsamen Identifikationsgruppen kann zu einer Vielzahl an negativen Emotionen wie beispielsweise Angst, Traurigkeit, Einsamkeit oder auch Eifersucht führen. Die Erfahrung, nicht wichtig zu sein und damit von der Marke als Beziehungspartner abgelehnt zu werden, ist nach 40 Jahren Treue eine kränkende und selbstwertbedrohliche Erfahrung, die bei Carl zu einer Impulshandlung führt. Er beendet die Markenbeziehung, indem er beschließt, bei diesem Händler nicht zu kaufen und bei einer anderen Marke ein neues Auto kauft. Der Entschluss, die Beziehung zu beenden, ist dabei ungeplant. Die persönliche Kränkung macht es unmöglich, die Beziehung fortzuführen. Das Beziehungsende ist in diesem Fall weniger eine intentionale Reaktion auf ein langfristig negativ erlebtes

Verhalten, sondern gleicht einer unwillkürlichen Schutzreaktion. Die Erfahrung, nicht wichtig zu sein, teilt auch Frank. Obwohl er seit mehr als 25 Jahren treu ist, erlebt er in der aktuellen Wiederkaufssituation den Händler als arrogant und überheblich, da er das Gefühl vermittelt bekommt, dass er ein beliebiger Kunde von einer Vielzahl von Kunden ist („*[Ein] arrogantes Verhalten, so in der Art von: ‚Wir haben genug Kunden, wir sind nicht auf Dich angewiesen.'*" Frank, Z86). Neben der Erfahrung nicht wichtig zu sein, erfahren andere Konsumenten eine respektlose Behandlung, indem sie als unwissend dargestellt werden, wie es das Beispiel von Eric zeigt:

> Ich habe einmal eine kleine Kleinigkeit [am Auto] gehabt. [...] Ich sagte ‚Das ist das Kabel'. ‚Nein' bekam ich vorlaut zu hören, ‚Das kann nicht sein, dort gibt es keine Kabel'. Hinterher war es doch das Kabel und ich bekam die Rechnung. (Eric, Z257-259)

Als besonders kritisch wird das Verhalten des Händlers in der Wiederkaufssituation wahrgenommen. Die Konsumenten möchten die Markenbeziehung gerne weiter fortführen. Im Widerspruch dazu erleben die Konsumenten, dass der Händler kein Interesse an der Beziehung und ihnen als Beziehungspartner hat. Obwohl Eric mehrfach bei dem Händler war, um über den Preis zu verhandeln, zeigt dieser kein Interesse an Eric. Entgegen seiner Versprechungen, meldet er sich nicht mehr bei dem Konsumenten. Eric fühlt sich wie ein Bittsteller, der darum betteln muss, dass die Beziehung fortgesetzt wird.

> Ich wollte damals ein neues [Auto] kaufen. Ich hatte einfach das Gefühl, dass sie keins verkaufen wollten. Vor allem der Händler war sehr abweisend (Z227) [...] Ich fand den Rücknahme-Preis keinen guten Deal. Dann sagten sie: Wir schauen, ob wir noch etwas daran verändern können und rufen sie an. Ich habe nie wieder etwas von ihnen gehört. Und das zwei Mal! (Z245ff) [...] Ich bettle nicht um Marke A. Ich kann mit meinem Geld überall ein Auto kaufen. (Eric, Z291-Z293)

Mit diesem desinteressierten Verhalten zeigt der Händler, dass ihm die Beziehung mit dem Konsumenten nicht wichtig ist und vermittelt ihm Geringschätzung. Menschen erwarten von Partnerschaften, dass ein Machtgleichgewicht herrscht und sie aufmerksame und unterstützende Beziehungspartner haben. Im Gegensatz dazu erleben einige Konsumenten ihre Markenbeziehung als ein asymmetrisches Machtverhältnis, in der sie vom Händler abhängig sind. Frank war 25 Jahre ein treuer

Kunde und ist in den letzten Jahren immer die teuerste Modellklasse gefahren. In der Wiederkaufssituation erlebt er plötzlich, dass der Händler keine Bereitschaft mehr zeigt, über den Rücknahmepreis zu verhandeln (*„Es war alles nach dem Motto: 'So oder gar nicht.' und so verhandelt man nicht."* Frank, Z224). Im Gegensatz zu einer gleichberechtigen Partnerschaft, die sich durch wohlwollendes und faires Verhalten auszeichnet, bekommt Frank das Gefühl, dass sich der Händler zu seinen Lasten bereichert (*„Den letzten Gulden aus mir rausschlagen wollen. Nun ... da wird mir übel. Frank, Z230*). Mit diesem Verhalten bricht der Händler die Regeln der Fairness einer partnerschaftlichen Beziehung (Fitness 2001). Die fehlende Erwiderung des Beziehungsinteresses und die Erfahrung, kein gleichberechtigter Beziehungspartner, sondern lediglich ein Bittsteller zu sein, führt bei Eric in der Folge dazu, dass er die Beziehung endgültig beendet. Und das nicht nur mit dem Händler, sondern mit der Marke:

> „Man kann zwar zu einem anderen Händler gehen, die bestellen auch Marke A für einen, aber danach hatte es sich für mich erledigt. (Z295) [...] Für mich müssen sie nichts mehr tun. Ich kaufe nie wieder einen." (Eric, Z327-Z329)

Die Schwierigkeiten in der Serviceinteraktion zeichnen sich durch zwischenmenschliche Verhaltensweisen aus, bei denen beispielsweise Händler ihre Macht ausspielen und Konsumenten sich in der Folge abgelehnt und herabgesetzt fühlen. Im Gegensatz dazu stehen bei den Kernfehlern unterschiedliche Produktfehler wie auch Fehler in der Dienstleistungserbringung (Reparatur) im Mittelpunkt.

Beziehungsbezogene Gründe: Kernfehler

Konsumenten erleben entweder eine Vielzahl an unterschiedlichen Produktproblemen oder gleichbleibende Produktprobleme werden trotz mehrfacher Reparaturen nicht gelöst. Dabei wird deutlich, dass es sich bei Konsumenten, die aufgrund von Kernfehlern die Markenbeziehung beenden, nicht um einfache, einmalige Produktprobleme handelt. Am Beispiel von Harold werden die vielen, unterschiedlichen Produktprobleme deutlich:

> [...] ein Alarm, der nicht in Ordnung war und ersetzt werden musste [...] ein Scheibenwischer, der plötzlich seinen Geist aufgab, ein leerer Akku, bei Gewitter ein Armaturenbrett als Festbeleuchtung, das nicht mehr funktionierte [...] Bei einem Regensturm verschwand mein rechtes Fenster einfach in der Türe und war nicht wieder herauszubekommen, elektrische Störungen [...] regelmäßig brannten Lämpchen, bei denen man die Ursache nicht herausfand, und ein Lämpchen zeigte etwas als kaputt an, was gar nicht kaputt war, dann musste es wieder auf Reset gestellt werden, [...] alles so kleine Dinge, von denen ich mir denke: 'Wie ist das in Gottes Namen möglich' [...]. (Harold, Z132-140; Z234-240)

Die Kunden fühlen sich ungerecht von der Marke und dem Händler behandelt, indem sie für unverschuldete Produktfehler ihre Zeit und zusätzliches Geld investieren müssen. Ergänzend findet bei diesen Kunden keine angemessene Wiedergutmachung statt bzw. innerhalb des Wiedergutmachungsprozesses erfolgen wesentliche Fehler. Beispielsweise ist Harold trotz der vielen Produktprobleme bereit, die Beziehung fortzusetzen. Er verzichtet während der Markenbeziehung auf sofortige Kompensation oder Wiedergutmachung („[...] *ich habe da keine Probleme gemacht.*“ Harold Z278). Dafür erwartet er in der Wiederkaufssituation, dass der Händler eine angemessene Kompensation anbietet.

> Wenn man weiß, dass ein Kunde so viel Pech hatte und weiß, dass es irgendwann zu einem Umtausch kommt, dann weiß man auch, dass dann das geringste Problem dafür sorgt, dass man *Marke A* nicht mehr kaufen wird. (Harold, Z276)

Harold erlebt allerdings das Gegenteil. Statt einen angemessenen oder sogar höheren Rücknahmepreis, bietet ihm der Händler aus seiner Sicht einen außerordentlich niedrigen Rücknahmepreis.

> [...] der [Rücknahmepreis] war skandalös tief und das wissen die auch. Der Händler von Marke X_2 gab mir ein Jahr später [...] 25% mehr. Ein Jahr später und bei einer anderen Marke. (Harold, Z400).

Ähnliches erlebt auch Ronald. Während der Markenbeziehung hat er eine Vielzahl an Produktproblemen ausgehalten (*„Mit dem bin ich dann die ganzen Jahre lang absolut nicht mit glücklich gewesen.*“ Z76). Während er sich während der Beziehung dem Händler gegenüber großzügig verhalten hat, bekommt er in der Wiederkaufssituation dafür keine Gegenleistung. Während er Preisangebote einholt, erlebt er, dass die einzelnen Händler der Marke unterschiedliche Preisangebote machen, die sich um mehrere 1.000 Euro unterscheiden. Dabei bietet sein bisheriger Händler den niedrigsten Eintauschpreis an.

> Als ich das Auto dann eintauschen wollte, hätten sie zu mir sagen müssen: „Du hast schon so viele Probleme mit dem Auto gehabt, das gefällt uns auch nicht. Wir werden Dir einen guten Preis machen für dein Auto, wenn Du Dir ein Neues anschaffst." Aber dann nicht auch noch 4.000 Euro weniger als ein anderer bieten. (Ronald, Z234)

Beide Kunden erleben einen Schaden auf mehreren Beziehungsebenen innerhalb des Markennetzes. Nicht nur die Produktbeziehung ist durch die Vielzahl der Produktfehler beschädigt, sondern auch die Händler- und Markenbeziehung. Sie fühlen sich von der Marke und dem Händler betrogen.

> Zu dem anderen Händler bin ich nicht mehr gegangen. So will ich mit Marke A nicht weitermachen – irgendetwas stimmt hier doch nicht. (Ronald, Z168)

Harold bezieht dieses Händlerverhalten nicht nur auf die Händlerbeziehung, sondern auch auf die Markenbeziehung und bezichtigt die Marke des Betrugs (*„Es geht um das Image von Solide, Vertrauenswürdig und hoher Wiederkaufswert [...] Eigenschaften, die, wie sich später herausstellte, nicht wahr sind.“* Harold, Z58). Auch Ronald äußert, dass das Gefühl bleibt, *„dass ich einfach über den Tisch gezogen worden bin*“ (Z170).

6.1.2 Post-Trennungsphase: Beziehungsbezogene Reaktionen

Nach dem Beziehungsende zeigen sich bei den Befragten in der Post-Trennungsphase als „beziehungsbezogene Reaktionen“ unterschiedliche Ausprägungen fortbestehender Markenbindung, Identifikation mit der Marke, Kontakt zur Marke und Kommunikation über die Marke.

6.1.2.1 Markenbindung

Bindung (attachment[10]) beschreibt die innere Bindung, die Menschen anderen Personen oder Objekten gegenüber entwickeln. Die Bindung unterscheidet sich in der Intensität und umfasst sowohl eine positive als auch negative Bindung. Eine positive Bindung zeichnet sich durch eine sichere und wohlwollende Bindung aus. Im Gegensatz dazu sind Feindschaften wie auch konflikthafte Beziehungen ein Ausdruck negativer Bindungen. Sie zeichnen sich durch einen hohen Grad an negativen Emotionen und Gedanken aus und beinhalten häufig den Wunsch, dem anderen einen Schaden zuzufügen oder ihn leiden zu sehen. In der psychologischen Trennungsliteratur zeigt sich eine negative Bindung in der Post-Trennungsphase beispielsweise durch fortbestehenden Ärger oder wiederkehrende negative Gedanken. Die innere Bindung nimmt nicht ab, da die bestehenden negativen Emotionen immer wieder aktiviert und wachgehalten werden.

Markenbindung in der Post-Trennungsphase lässt sich vereinfacht in eine positive Bindung (positiv/freundschaftlich und sehr positiv/leidenschaftlich), eine distanzierte Bindung und eine negative Bindung (negativ oder sehr negativ/feindlich) unterteilen (vgl. Tabelle 5).

[10] Der Begriff Attachment basiert auf den Arbeiten von Bowlby (vgl. Kapitel 3.2.2). Thomson, McInnis und Park (2005) haben in ihrer Studie zur Markenbindung bei Konsumenten den Begriff verwandten Konstrukten aus dem Marketing gegenüber abgegrenzt. Im Gegensatz zu dem Begriff „Einstellung", bezieht sich Attachment auf wenige, wichtige Beziehungspartner. Es entwickelt sich als Folge einer häufigen und längerfristigen Interaktion. Anders als eine Einstellung ist Attachment von großer Bedeutung für das eigene Selbst und umfasst viele affektgeladene Erinnerungen. Während der Begriff „affective commitment" die positive Verbundenheit einer Marke (im Sinne der Loyalität) widerspiegelt und als das Ergebnis der inneren Bindung gesehen werden kann (Thomson, MacInnis und Park 2005), umfasst der Begriff Attachment nicht nur die positive innere Bindung, sondern auch eine negative innere Bindung (Tschann, Johnston und Wallerstein 1989).

Tabelle 5: Konstrukt „Markenbindung“

	Häufigkeit (N=43)	**Prozent**
Markenbindung		
sehr positiv	6	14%
positiv	20	47%
distanziert	7	16%
negativ	4	9%
sehr negativ	6	14%

Quelle: Eigene Darstellung

Im Folgenden werden zuerst jeweils die beiden positiven und negativen Ausprägungen der Bindung vorgestellt und im Anschluss daran die distanzierte Bindung erläutert.

Positive Markenbindung

In der Post-Trennungsphase äußern Konsumenten mit einer positiven Bindung, dass sie sich der Marke gegenüber noch freundschaftlich verbunden fühlen. Die Marke weckt positive Erinnerungen und ein schönes neues Modell der Marke ruft ein positives Gefühl hervor, einst die richtige Entscheidung mit der Marke A als Beziehungspartner getroffen zu haben.

> Ich mag sie [die Marke] immer noch. Ich finde, es sind wunderschöne Autos. Besonders, wenn man sich die neueren Modelle anschaut. Für mich ist es einfach ein elegantes und stilvolles Auto. (Linda, Z66)

> Ich finde noch immer, dass es ein wunderschönes Auto ist. [...] Ich mag besonders Modell X. Das hat für mich so eine besondere Ausstrahlung. (Helen, Z114)

Freundschaftliche Markenbindung lässt sich als eine gemäßigte Form der Bindung beschreiben. Es löst ausschließlich positive Emotionen wie Freude oder Wohlwollen aus. Im Gegensatz dazu erleben ehemalige Konsumenten mit einer leidenschaftlichen Bindung auch in der Post-Trennungsphase intensive Emotionen, die deutlich machen, dass die innere Bindung noch nicht aufgelöst ist. Ehemalige

Konsumenten beschreiben sich in ihrer früheren Markenbeziehung als verliebt (*„Ich war doch immer verliebt in die Marke“* William, Z30; *„Ja, ...also gut, mein Herz hat immer für Mercedes geschlagen* (kichert).“ Carl, Z58). Die Gefühle von Verliebtheit oder Liebe überdauern das Ende der Markenbeziehung und sind in der Post-Trennungsphase noch vorhanden. (*„Mein Herz ist noch immer bei Marke A.“* Howard, Z91). Gleichzeitig leiden die Konsumenten unter dem Beziehungsende und trauern um den Verlust der Marke. Sie äußern sich wehmütig oder bedauernd, dass die Marke nicht mehr ihr Beziehungspartner ist (*„Wenn ich Marke A fahren sehe, dann denke ich mir: ‚Hätte ich ihn bloß‘*, Howard, Z59*)* und trauern, wenn sie die Marke sehen (*„Mein Herz weint, wenn ich Marke A vorbeifahren sehe.“*, Howard Z171*)*. An Carl wird die innere Bindung besonders deutlich. Die Marke war ein Teil seiner Identität. Mit ihr verbunden war für ihn das Gefühl von Heimat und Zugehörigkeit.

> Kd.: Ich schau noch immer hin, wenn ich sie hier fahren sehe...
> Int.: Und was fühlen Sie dann?
> Kd.: Ein bisschen Heimweh. Ja, so kann man das beschreiben.
> Int.: Heimweh nach etwas Speziellem?
> Kd.: Nach Marke A im Allgemeinen [....] es ist doch immer mein Auto gewesen.
> (Carl, Z64)

Die Trennung von der Marke führt bei Carl zu dem, was in der psychologischen Trennungsliteratur als „Trennungsschmerz“ (Weiss 1975) bezeichnet wird. Sein Heimweh nach der Marke ist Ausdruck für die Unerreichbarkeit der Marke nach dem Beziehungsende. Auch bei Fred löst die Marke noch immer starke positive Gefühle aus, während er gleichzeitig über das Beziehungsende trauert.

> Es spricht mich auch immer noch an... das Modell und wieder der Stern, dass man also in einer Marke A fährt und auch das große Ganze. Er fährt sich prächtig. Ich hatte nie Probleme damit. Das Einzige ist, dass es nun vorbei ist. (Fred, Z59)

Negative Markenbindung

Im Gegensatz zu einer positiven Bindung geht eine negative und sehr negative Bindung mit negativen Gefühlen der Marke gegenüber einher. Bei James reicht allein der Name „Marke A“ aus, um die alten Gefühle von Ärger und Frustration hervorzurufen.

> Sie hätten schon dafür sorgen können, dass ich ein anderes Gefühl bei dem Namen Marke A bekomme. (James, Z230)

Bei Richard zeigt sich seine sehr negative Bindung durch seinen fortbestehenden Ärger und seine Fassungslosigkeit darüber, dass die Marke für ihn noch wichtig ist. Richard würde sich wünschen, dass sie für ihn ohne Bedeutung ist, aber die Marke ist nach wie vor ein Traum von ihm. In der Folge mischen sich in seinen Äußerungen Sehnsucht, Enttäuschung und Ärger.

> Der Traum ist niemals richtig zu Ende. Ich fühle mich noch immer etwas verbunden – das kann echt nicht sein (Pause) ... Man macht all diese [schlechten] Erfahrungen (Pause) ... da beginnt man wirklich an sich zu zweifeln. (Richard, Z210-216)

Fortbestehender Ärger ist eine Möglichkeit, nach der Trennung involviert zu bleiben und die Intensität der Beziehung aufrechtzuerhalten. Das führt dazu, dass Konsumenten selbst mehrere Jahre nach dem Ende der Markenbeziehung negative Gefühle der Marke gegenüber empfinden und äußern. Obwohl Richard seit 3 Jahren eine andere Marke fährt, äußert er: *„Es [die Enttäuschung] ist immer wieder da“* (Z224). Auch Henry hat noch zwei Jahre nach dem Ende der Markenbeziehung eine sehr negative Bindung der Marke gegenüber und fühlt sich enttäuscht von der Marke.

> Es geht nicht so weit, dass Marke A bei mir Rachegefühle oder Wutanfälle hervorruft, wenn ich ein Auto fahren sehe [...], aber ich bin sehr enttäuscht von Marke A. (Henry, Z38)

Nach wie vor sind die negativen Erfahrungen in seinen Erzählungen wach und er betont, dass sein Vertrauen noch immer ernsthaft verletzt ist.

> Mein Vertrauen in Marke A ist ernsthaft verletzt. Ich denke nicht, dass das etwas mit Rachegefühlen zu tun hat. Ich habe einfach kein Vertrauen mehr in die Produkte. [...] Wenn man zweimal ein Auto einer Premiummarke kauft und man echt viel Geld für die Autos zahlt und dann diese Art Probleme bekommt, nicht nur

> einmal, sondern mit beiden Autos, dann beginnt man sein Vertrauen zu verlieren [...] verlorenes Vertrauen ist etwas, was schwer wieder herzustellen ist. (Henry, Z318-322)

Distanzierte Markenbindung

Distanzierte Markenbindung lässt sich als eine aufgelöste Bindung in der Post-Trennungsphase beschreiben. Die Marke ist nicht mehr von Interesse. Kenneth äußert sich unbeteiligt und nüchtern über die Marke und reduziert die Markenbeziehung auf den Besitz eines Objektes.

> Ich habe keine Gefühle [der Marke gegenüber]. [...] Es berührt mich nicht. (Kenneth, Z368)

Ähnlich wie Kenneth reduziert auch Brian die Marke auf ein Objekt, das nur eine Funktion besitzt, aber keine Emotionen auslöst. Das steht im Widerspruch zu dem Hauptnutzen von öffentlich konsumierten Premiumprodukten, die vordergründig wegen ihrer Bedeutung (d.h. symbolischer Nutzen) gekauft werden und weniger wegen ihres funktionalen Nutzens. Während Brian wiederholt Marke A gekauft hat und das Auto für ihn als Vertreter eine Repräsentationsfunktion hatte, reduziert er die Marke in der Post-Trennungsphase auf ein Transportmittel.

> Ich habe keine Emotionen (Z70) [...] Es ist nur ein Transportmittel (Z94) [...] Ich bin an keine Marke gebunden. Das ist mir nicht wichtig. (Brian, Z226)

An Brian wird die Bedeutung der Auflösung der bestehenden Bindung deutlich. Er reduziert die Marke in ihrer Bedeutung. Die Marke wird damit ein austauschbares Objekt und Brian kann sich neuen Marken zuwenden, ohne den Verlust der bisherigen Markenbeziehung zu bedauern.

In der psychologischen Trennungsliteratur ist die Auflösung der Bindung eine Voraussetzung, um eine zufriedene und partnerunabhängige Zukunft zu entwickeln. Für ehemalige Konsumenten, die nach dem Ende eine freundschaftliche Bindung der Marke gegenüber besitzen, ist eine Auflösung oder Veränderung der Bindung nicht notwendig. Sie sind in ihren Emotionen gemäßigt und empfinden das Ende der

Markenbeziehung nicht als Verlust. Dagegen führt die leidenschaftliche Bindung ehemaliger Konsumenten dazu, dass sie in der Post-Trennungsphase leiden. Sie trauern um das Ende der Beziehung und haben den Verlust noch nicht bewältigt. Ähnlich ist es mit Konsumenten, die eine negative Bindung der Marke gegenüber haben. Während sie einerseits froh über das Beziehungsende sind, ist die Beziehung andererseits noch nicht bewältigt und der Ärger besteht fort. Interessanterweise zeigen ehemalige Konsumenten mit einer extremen (leidenschaftlichen oder sehr negativen) Bindung, dass diese Bindung über mehrere Jahre fortbestehen und in dieser Zeit zu wiederkehrendem Leid oder Ärger bei den Konsumenten führen kann.

6.1.2.2 Soziale Identität

In der psychologischen Trennungsliteratur ist neben der Auflösung der bestehenden Bindung der Aufbau einer partnerunabhängigen Identität wichtig. In der Post-Trennungsphase von Markenbeziehungen finden sich in der vorliegenden Studie drei verschiedene Formen der Identitätszugehörigkeit. Ehemalige Konsumenten identifizieren sich entweder mit der neuen oder mit der bisherigen Marke oder weder die neue noch die alte Marke sind für die eigene Identität von Bedeutung (vgl. Tabelle 6).

Tabelle 6: Konstrukt „Soziale Identität“

	Häufigkeit (N=43)	**Prozent**
Soziale Identität		
bisherige Marke	17	40%
neue Marke	10	23%
Marke derzeit nicht wichtig	16	37%

Quelle: Eigene Darstellung

Identifikation mit der neuen Marke

Konsumenten, die sich mit der neuen Marke identifizieren, machen deutlich, dass sie jetzt Teil einer neuen sozialen Gruppe sind, die zu ihnen passt und der sie sich zugehörig fühlen. Harold betont in der Post-Trennungsphase die Übereinstimmung zwischen der neuen Marke und seiner Person.

> Es ist ein Auto, das zu mir passt [...]... Das Eigensinnige von Marke X_2 hat mich schon immer angesprochen." (Harold, Z33)

Die neue Marke wird als der passende Partner beschrieben, der schon immer attraktiv war. Im Kehrschluss vermittelt Harold damit, dass die bisherige Markenbeziehung diese Attraktivität nicht hatte. Die bisherige Markenbeziehung wird damit abgewertet. Später betont Harold dies explizit. Die Prestigefunktion der Marke, die wesentlich für eine Identifikation mit öffentlich konsumierten Produkten ist, ist für Harold in der Post-Trennungsphase nicht mehr vorhanden.

> Ich fand, es war eine Marke mit Status, und das habe ich jetzt gar nicht mehr. Ich finde, Marke A hat überhaupt keinen Status. (Harold, Z166-168)

Indem Harold den Status reduziert, verringert er die Wichtigkeit, sich mit der Marke zu identifizieren. James geht einen anderen Weg, indem er explizit die fehlende bzw. bestehende Übereinstimmung zwischen sich und der bisherigen bzw. der neuen Marke betont.

> Das ganze Produkt Marke A passt nicht zu mir. [...] Marke X_1 ist etwas kleiner und etwas sportlicher. Der passt besser zu mir. (James, Z30, Z168)

Die Marke ist damit als identitätsstiftender Partner nicht mehr von Bedeutung. Auch wenn bei Harold und James die negative Bindung im Sinne von fortbestehendem Ärger noch vorhanden ist, leiden diese Konsumenten nicht unter dem Verlust der Beziehung. Für die eigene Identität ist die neue Markenbeziehung von Bedeutung – im Gegensatz zu ehemaligen Konsumenten, die sich mit der bisherigen Marke identifizieren und das Ende der Markenbeziehung als Verlust empfinden.

Identifikation mit der bisherigen Marke

Konsumenten, die sich in der Post-Trennungsphase mit der bisherigen Marke identifizieren, betonen, dass die Marke auch nach dem Ende der Beziehung zu ihnen passt („*Marke A ist meine Automarke.*“ Michael, Z57) und heben die Vorteile der alten Marke in den Vordergrund. Auch Frank, der seit über 25 Jahren der Marke treu war, stellt die bisherige Markenbeziehung über seine jetzige Markenbeziehung.

> Marke A nimmt bei mir eine hohe Stelle ein. Das ist so und das bleibt so. [...] Ich bin mit diesem zufrieden, obwohl daran etwas fehlt: Es ist nicht Marke A. (Frank, Z254)

Obwohl Frank seit mehr als anderthalb Jahren in einer neuen Markenbeziehung ist, bestehen die innere Bindung und die gefühlte Zugehörigkeit zur bisherigen Marke fort. Die neue Markenbeziehung betrachtet Frank als minderwertig („es fehlt etwas“), was als Folge der bestehenden Identifikation und Gebundenheit mit der bisherigen Marke gesehen werden kann. Auch William identifiziert sich mit der ehemaligen Marke, indem er innerhalb seines sozialen Umfeldes die bisherige Marke über die aktuelle Marke stellt.

> Die [meine Freunde] finden, dass ich nun ein sehr schönes Auto fahre und dann sage ich schon, dass es mir besser gefallen hat Marke A zu fahren. (William, Z116)

Die neue Markenbeziehung wird damit nicht als neuer, attraktiver Partner gesehen, der relevant für das eigene Selbstwertgefühl ist.

Keine Identifikation mit der Marke

Im Gegensatz zu Konsumenten, die sich mit einer Marke in der Post-Trennungsphase identifizieren, gibt es Konsumenten, die sich mit keiner Marke identifizieren. Ähnlich wie ehemalige Konsumenten, die sich mit der neuen Marke identifizieren, grenzen sich diese Konsumenten von der bisherigen Marke ab. Für Jeffrey ist es wichtig unabhängig zu sein.

> Ich möchte mich nicht einengen lassen, so dass ich mit einem Image in Verbindung gebracht werde. Ich möchte unabhängig sein

> und tun, was ich möchte, und nicht in eine Richtung gedrängt werden. (Jeffrey, Z187-191)

Im Gegensatz zu den Konsumenten, die sich mit der neuen Marke identifizieren, betont Jeffrey, dass er nicht mit einem bestimmten Markenimage in Verbindung gebracht werden will. Im Vordergrund steht die eigene Unabhängigkeit und das Bedürfnis, eine Identität zu präsentieren, die nicht mit bestimmten materiellen Statussymbolen in Verbindung gebracht wird.

6.1.2.3 Markenkommunikation

Aus den Interviews werden drei unterschiedliche Arten von Kommunikation deutlich. Die ehemaligen Konsumenten kommunizieren positiv, ambivalent oder negativ über die Marke (vgl. Tabelle 7). Ambivalente Kommunikation über die Marke bezeichnet hierbei eine gleichzeitige positive und negative Kommunikation über die Marke.

Positive Kommunikation

Besonders Befragte, die aus persönlichen Gründen die Beziehung beendet haben, äußern sich positiv über die Markenbeziehung.

Tabelle 7: Konstrukt „Markenkommunikation“

	Häufigkeit (N=43)	**Prozent**
Markenkommunikation		
positiv	19	44%
ambivalent	11	26%
negativ	13	30%

Quelle: Eigene Darstellung

Auf der Sachebene werden das Produkt („*Ein schönes Auto ... das Aussehen, einfach das Fahren, der Stil, die Ausstrahlung. Es ist einfach ein prächtiges Auto.*" Michael, Z67) oder die Erfahrung mit dem Händler positiv beschrieben. Die Befragten sind in ihren Äußerungen positiv bis hin zu sehr leidenschaftlich. Beispielsweise spricht Charles auch in der Post-Trennungsphase noch begeistert über die Marke.

> Sie haben einfach das besondere Etwas. Setzen Sie sich einfach mal in das Auto und sehen, wie es auf der Straße liegt. Und die verwendeten Materialien, das ist einfach fantastisch. (Charles, Z106, Z108)

David spricht durchgängig positiv über die Marke und seine Markenerfahrung. Selbst erfahrene Produktprobleme werden positiv dargestellt, indem nicht der Kernfehler, sondern der kundenorientierte Umgang damit hervorgehoben wird.

> Sofort wenn man in die Werkstatt kommt, ist jemand da, der einem hilft, der schnell versteht, worum es geht und schnell Maßnahmen ergreift. [...] auch wenn man unerwartet mit einer Kleinigkeit in die Werkstatt kommt, dann schauen die nicht nach, wann sie Zeit haben, sondern nehmen die Sache sofort in die Hand – und eine Viertelstunde später kann man wieder fahren. Die zwei etwas ernsteren Dinge, die mein Auto hatte, die wurden auch behoben mit einer Rechnung von 0 Euro. (David, Z63)

Er verstärkt seine positiven Äußerungen, indem er sich als Testimonial darstellt und die Äußerungen durch seine Erfahrungen untermauert.

> [Es ist] ein zuverlässiges, qualitativ hochwertiges Auto mit einem Tick Luxus. Da ich ihn gefahren habe, kommt auch noch meine Erfahrung mit ins Spiel. Es ist nicht nur Verkäufergeschwätz über Zuverlässigkeit und Qualität, sondern das setzt Marke A auch um. (David, Z53)

Ambivalente Kommunikation

Ein anderer Teil der Befragten zeigt ein ambivalentes Kommunikationsmuster. Auf der Sachebene, also der produkt- oder servicebezogenen Ebene bleiben positive Äußerungen nicht uneingeschränkt stehen. Sie werden durch ein einschränkendes Hinzufügen negativer Aspekte gemindert. Die Äußerungen werden damit widersprüchlich und ambivalent. Ein ähnliches Muster zeigt sich auch bei Äußerungen über die Markenbedeutung. Markenerhöhende Äußerungen (z.B. Sehnsucht nach der Marke) stehen neben markenabwertenden Äußerungen (z.B. Entwertung der Konsumentengruppe). Bei Ralph wird die ambivalente Kommunikation an seinen widersprüchlichen Äußerungen deutlich. Während seiner Ansicht nach das Modell X nicht hätte gebaut werden müssen, hat er sich genau in diese Modellreihe wieder verliebt.

> Nun ich finde das sind noch immer schöne Autos, logischerweise. Das neue Modell X, das ich gestern gesehen habe, das war echt schön [...] da hab ich mich doch wieder ein wenig verliebt. Dann denke ich: ‚Verdammt, das ist doch ein schönes Auto'. (Z88) [...] meiner Meinung nach hätten sie das Modell X nicht bauen müssen (Z120) [...] viel zu laut [...] Das darf absolut nicht sein. Darum sage ich, sie hätten das Ding in meinen Augen nicht bauen müssen. (Ralph, Z148)

Die ambivalente Kommunikation bei Carl kann als Ergebnis einer widersprüchlichen und gegenläufigen Markenerfahrung gesehen werden, aus dem ein innerer Konflikt resultiert. Er war mehr als 40 Jahre der Marke gegenüber treu und erlebt plötzlich, dass – vermittelt durch das Händlerverhalten – die Marke kein Interesse mehr an der Beziehung mit ihm hat. In der Post-Trennungsphase spricht er entsprechend ambivalent über die Marke. Während er zuerst die Einzigartigkeit der Marke betont, stellt er sie im nächsten Satz als beliebig austauschbar dar.

> Kd.: Man bleibt doch bei einer Marke hängen, und denkt das ist mein Auto.
> Int.: Gibt es da etwas, was Marke A für Sie bedeutet?
> Kd.: Ach das weiß ich nicht, all die Marken...Schöne Autos ähneln sich doch alle, da ist so kein großer Unterschied.
> (Carl, Z242)

In seiner Kommunikation stehen innerhalb eines Satzes die Bewunderung für die Marke und die Abwertung der Marke nebeneinander. Während er immer noch das Prestige (die Ausstrahlung der Marke) betont, wertet er sie ab, indem er die Marke einer sozial schwachen Gruppe zuordnet (das Wohnwagencamp).

> [...] es strahlt etwas aus. [...] aber das ganze Wohnwagencamp fährt auch Marke A. (Carl, Z254)

Negative Kommunikation

Im Gegensatz zur ambivalenten Kommunikation wird bei der negativen Kommunikation die Marke ausschließlich negativ dargestellt und es kommt zu einer negativen Generalisierung. In seiner Kommunikation macht Christopher deutlich, dass er anderen gegenüber negativ kommuniziert. Wenn er über sein Modell spricht, erzählt er von seinen Produktproblemen und über Produktprobleme, von denen er glaubt, dass sie noch vorhanden sind.

> Dann hebe ich schon die Punkte hervor, womit ich Probleme gehabt habe. Die, von denen ich weiß, dass sie jetzt behoben sind. Aber ich spreche auch über die Probleme, die nie behoben wurden ... und das wirft Fragen bei den Menschen auf. (Christopher, Z168)

Henry und James gehen in ihrer negativen Kommunikation noch weiter, indem sie aktiv von der Marke abraten.

> Ich würde sie [Interessenten] auf alle Fälle warnen [...] warnen hinsichtlich der Probleme mit dem Auto und der Gefahr, dass die Autos liegenbleiben. Dann würde ich sagen, dass man zu viel Geld für ein Produkt zahlt, was nicht so gut ist wie jeder denkt (Henry, Z112-Z118)

> Auch einigen Verwandten von mir, ich wusste, dass die bei dem gleichen Händler ein Auto kaufen wollten, denen hab ich abgeraten. (James, Z91)

Während Konsumenten nach dem Ende der Markenbeziehung noch unterschiedlich über die Marke sprechen, unterscheiden sie sich auch hinsichtlich ihres Kontaktbedürfnisses der Marke gegenüber.

6.1.2.4 Kontakt zur Marke

Ähnlich wie Ehepartner nach dem Ende der Beziehung zuerst noch versuchen, in Kontakt mit dem ehemaligen Partner zu bleiben, zeigt auch die Mehrzahl der Befragten solch ein Kontaktbedürfnis (vgl. Tabelle 8).

Tabelle 8: Konstrukt „Markenkontakt"

	Häufigkeit (N=43)	**Prozent**
Markenkontakt		
Kontakt	24	56%
keinen Kontakt	19	44%

Quelle: Eigene Darstellung

Markenkontakt

Ehemalige Konsumenten mit einem Bedürfnis nach Markenkontakt halten sich über die Produktentwicklungen auf dem Laufenden. Sie recherchieren auf den Herstellerseiten im Internet, lesen Berichte über die Marke in Fachzeitschriften oder besuchen das Unternehmen auf der Automesse (*„Wenn ich zum Beispiel zur Automesse (RAI) gehe, dann gehe ich auch bei Marke A vorbei, das finde ich einfach interessant."* Alan, Z135). Michael fährt seit einem dreiviertel Jahr die neue Marke. Trotzdem hält er fast täglich Kontakt zur bisherigen Marke, indem er sich über Neuerungen und Veränderungen auf den Internetseiten der Marke auf dem Laufenden hält.

> Int.: Schauen Sie noch nach Informationen über Marke A?
> Kd.: Ja, fast täglich. Heute zufällig auch wieder [...] ich schaue mir relativ oft Marke A an.
> Int.: Und schauen sie noch nach anderen Autos?
> Kd.: Nein, meistens Marke A.
> (Michael, Z38-Z45)

Keinen Markenkontakt

Ehemalige Konsumenten mit einen geringen Kontaktbedürfnis haben nicht nur die Beziehung beendet, sondern auch jeglichen Kontakt abgebrochen. Sie haben kein Interesse daran, Informationen über die Marke zu erhalten oder sich Informationen zu beschaffen. Gerald hat nach der Markenerfahrung kein Interesse daran, sich über die Marke zu informieren. An Gerald wird deutlich, dass der Kontaktabbruch für ihn ein Zeichen eines finalen Endes ist.

> Ich habe lange Zeit noch eine Zeitschrift bekommen, allerdings hatte ich in Anbetracht der Einstellung und des Verhaltens des Händlers auch nicht mehr so viel Interesse dran [...] Ich fand es ein schönes Auto und das war's. Damit ist alles abgeschlossen. [...] das Kapitel ist beendet und ein neues Kapitel wird aufgeschlagen. (Gerald, Z192)

Gerald scheint innerlich noch negativ gebunden. Der Kontaktabbruch kann als eine Möglichkeit gesehen werden, die innere Bindung über die Zeit hinweg aufzulösen und emotional ein gleichgültiges Verhältnis der Marke gegenüber zu entwickeln.

6.1.3 Post-Trennungsphase: Trennungsbezogene Reaktionen

Nach dem Beziehungsende finden sich in der Post-Trennungsphase nicht nur „beziehungsbezogene Reaktionen", sondern auch „trennungsbezogene Reaktionen". Zu den „trennungsbezogenen Reaktionen" gehören Account making, kognitives Coping und emotionales Coping.

6.1.3.1 Account making und Attribution

In ihrer Darstellung der Trennungsgeschichte stellen die Befragten nicht nur ihre subjektiven Ursachen und Gründe für das Ende der Beziehung heraus. Ihre Erzählungen beinhalten immer eine direkte oder implizite Zuschreibung von Verantwortlichkeiten für die Trennung – in der psychologischen Trennungsliteratur

Account making genannt (Orbuch 1997). Darunter ist der Akt des Erklärens, Beschreibens und emotionalen Reagierens auf maßgebliche stressverursachende Ereignisse zu verstehen. Account making kann als Erweiterung der bisherigen Attributionstheorie gesehen werden. Die erlebten Ereignisse werden in einen sinnhaften Zusammenhang gebracht, indem aus dem Erlebten eine Story mit Plot, Storyline, Affekt und Attribution wird (Harvey und Fine 2006). Zusätzlich unterscheiden sich die Befragten hinsichtlich der Verantwortungszuschreibung für das Ende der Beziehung (vgl. Tabelle 9). Die ehemaligen Konsumenten sehen sich selbst in der Verantwortung oder geben in ihrer Darstellung der Trennungsgeschichte dem Händler bzw. der Marke die Schuld an dem Ende der Beziehung.

Tabelle 9: Konstrukt „Account making“

	Häufigkeit (N=43)	**Prozent**
Account making		
persönliche Entscheidung	24	56%
Händler	10	23%
Marke	9	21%

Quelle: Eigene Darstellung

Persönliche Entscheidung

Die subjektive Einordnung eines Ereignisses hat zur Folge, dass ein und dasselbe Ereignis von verschiedenen Personen unterschiedlich empfunden werden kann. So kann es von einer Person als intentional und gegen sich gerichtet wahrgenommen werden, während eine andere Person es als unkontrollierbares Ereignis wahrnimmt, das keiner der beiden Partner beeinflussen kann (Menon und Dubé 2004). Besonders deutlich wird die subjektive Interpretation der Ereignisse an dem Beispiel der Wiederkaufssituation. Zwei Konsumenten erleben, dass der Händler nicht den erwarteten Preisnachlass gewährt. Während beispielsweise Frank die Schuld allein bei dem Händler sieht, erlebt Michael die Wiederkaufssituation nicht als kritisches Ereignis, sondern sieht sich aufgrund seiner finanziellen Restriktionen allein in der Verantwortung.

> Es war einfach eine finanzielle Entscheidung, die ich getroffen habe [...] Wenn ich damals die 10.000 Euro gehabt hätte, dann hätte ich den neuen der Marke A gekauft. (Michael, Z209)

Auch David stellt sich selbst als verantwortlich dar. Sein Account making präsentiert die Marke als unterstützenden Beziehungspartner, der versucht, die Fortführung der Beziehung zu ermöglichen.

> Er [der Händler] hat mir ein gutes Angebot gemacht, [...] einen guten Rücknahmepreis für mein Auto, mehr als ich letztendlich von Marke X_3 bekommen habe. (David, Z195)

Brian findet eine technische Erklärung, weshalb aus seiner Sicht ein Dieselmotor bei Stadtfahrten leicht kaputt gehen kann. Da er seinen Diesel hauptsächlich für solche kurze Stadtfahrten nutzt, sieht er sich als verantwortlich und beschuldigt nicht die Marke.

> Ich hatte ständig defekte Glühkerzen und andere kleine technische Probleme aufgrund der kurzen Fahrten in der Stadt. Das hat mit dem Druckunterschied zu tun – der entsteht bei kurzen Stadtfahrten, wenn der Motor kalt ist. (Brian, Z44-46)

Händler

Konsumenten, die in der Verantwortungszuschreibung dem Händler die Schuld für das Beziehungsende geben, sehen weder sich selbst noch die Marke als verantwortlich für das Ende der Beziehung an. Die alleinige Verantwortung in dieser Darstellung liegt bei dem Händler. Diese Form der Verantwortungszuschreibung ist insbesondere interessant, da der Händler ein Teil der Marke ist. Nach dem Ende der Beziehung gibt Frank dem Händler die Schuld für das Scheitern der Beziehung, während die Marke aus seiner Sicht mit dem Scheitern der Beziehung nichts zu tun hat.

> Marke A ist dafür nicht verantwortlich. Ich nehme an, dass der Händler seine eigene Verantwortung hat (Frank, Z224).

In seiner Darstellung der Trennungsgeschichte (Account making) wird der Händler als Beziehungspartner dargestellt, der gegen die Grundregeln des Miteinanders verstößt („*Es war alles nach dem Motto: 'So oder gar nicht.' und so verhandelt man nicht.*" Z224) und sich unmoralisch verhält, indem er sich auf Kosten seines Konsumenten bereichern möchte („*Den letzten Gulden aus mir rausschlagen wollen. Nun ... da wird mir übel.*" Z230).

Marke

Konsumenten, die der Marke die Schuld am Beziehungsende geben, haben ebenfalls Schwierigkeiten mit dem Händler gehabt. Im Gegensatz zu anderen Konsumenten werden hier das Produkt oder der Händler als Teil der Marke gesehen. Christopher macht die Marke für das Ende der Markenbeziehung verantwortlich.

> Int.: Und wer war Ihrer Meinung nach verantwortlich dafür, dass Ihre Probleme nicht behoben worden?
> Kd.: Das war Marke A.
> (Christopher, Z270)

In seiner Darstellung präsentiert er die Marke als betrügerischen und nicht wohlwollenden Beziehungspartner, der mit manipulativen Methoden versucht, fortbestehende Fehler zu vertuschen.

> Als ich mit meinem letzten Modell X nach Hause fuhr, fühlte ich, dass am Kupplungspedal etwas nicht in Ordnung ist. Ich war selbst früher Automechaniker und das merkte ich sofort. [...] Sie sagten – das kann ich nicht kontrollieren –, sie haben die Kupplung und alles was damit zu tun hat, ausgetauscht. [...] Als ich ihn wieder bekam, war nichts dran verändert. Die sind zu zweit mit mir mitgefahren und haben versucht, mir auszureden, dass die Kupplung noch defekt ist. Das habe ich ihnen doch übel genommen. [...] meinem Gefühl nach, bin ich schon betrogen worden. (Christopher, Z76-78, Z230, Z236)

In den unterschiedlichen Accounts zeigen sich die subjektiv wahrgenommenen Verantwortlichkeiten für das Ende der Beziehung. Die ehemaligen Konsumenten unterscheiden sich danach, ob sie sich selbst, dem Händler oder der Marke die Schuld an dem Ende der Beziehung geben. Abhängig davon, wessen Verantwortung in den Vordergrund gestellt wird, gestaltet sich damit die eigene Rolle als aktiver Part, der die Trennung mit beeinflusst hat oder umgekehrt als Geschädigter. Indem die eigene Verantwortung für das Beziehungsende herausgestellt wird, wird Dritten gegenüber ein Selbstbild eines eigenverantwortlichen Menschen vermittelt. Wird dagegen der Händler oder die Marke als verantwortlich dargestellt, kann innerhalb dieser Geschichten zusätzlich das Bild des Geschädigten transportiert werden. Diese Art von Accounts ermöglichen den Konsumenten, mehr Aufmerksamkeit und mehr Unterstützung von Dritten zu bekommen.

6.1.3.2 Kognitive Copingstrategien

Menschen zeigen Copingstrategien, wenn eine Situation als belastend oder überfordernd hinsichtlich der eigenen, zur Verfügung stehenden Ressourcen erlebt wird (Lazarus und Folkman 1984). Eine Situation, die dagegen als Herausforderung erlebt wird, führt nicht zu Copingstrategien. Ähnlich wie auch nach dem Ende von Paarbeziehungen, finden sich auch in der Post-Trennungsphase von Markenbeziehungen unterschiedliche Copingstrategien (vgl. Tabelle 10).[11]

Bei den Konsumenten finden sich unterschiedliche kognitive Strategien wie Rationalisierung, positives Denken oder Umbewertung, um unerwünschte Ereignisse besser zu bewältigen und die Bedeutung des Stressors zu verändern.

[11] Die angewendeten Strategien sind in Anlehnung an Duhachek (2005) gewählt. In seiner Studie zu Coping bei Konsumenten identifiziert er eine dreifaktorielle Copingstruktur. In seinem multidimensionalen Modell unterscheidet er zwischen „active coping“ (Handlungsbewältigung, Rationales Denken und Positives Denken) „expressive support seeking“ (emotional Druck ablassen, instrumentelle Unterstützung und emotionale Unterstützung) und „avoidance“ (Vermeidung, Leugnung). Nach Lazarus (1999) können sich über die Zeit hinweg gezeigte Copingstrategien ändern. In einer konkreten Belastungssituation zeigen Menschen aktive, emotionale oder vermeidene Copingstrategien, bei denen sich der Einzelne mit dem Stressor auseinandersetzt oder umgekehrt eine Auseinandersetzung vermeidet. In der Post-Trennungsphase konnten hauptsächlich kognitive (active coping) und emotionale Copingstrategien (expressive support seeking) gefunden werden, da es zu diesem Zeitpunkt vielmehr um die Verarbeitung der Erlebnisse als um eine konkrete Lösung des kritischen Ereignisses geht.

Tabelle 10: Konstrukt „Kognitives Coping“

	Häufigkeit (N=43)	Prozent
Kognitives Coping		
Rationalisierung/ Umbewertung	22	51%
Spaltung	7	16%
kein kognitives Coping	14	33%

Quelle: Eigene Darstellung

Rationalisierung, Umbewertung und positives Denken

David hätte sich gerne wieder Marke A gekauft, aber nach seiner Berentung waren die Kosten zu hoch. Er bewältigt das Beziehungsende, indem er rationalisiert und rational-logische Handlungsmotive in den Vordergrund rückt:

> Wenn man seine eigene Situation kennt, dann kann man sich nicht erlauben zu sagen: ‚Marke A ist das beste Auto, also muss es Marke A werden'. So geht das nicht in dieser Welt. (David, Z189)

Thomas muss aus finanziellen Gründen die Markenbeziehung beenden. Er bewältigt das Ende der Beziehung, indem er den notwendigen Wechsel als freie Entscheidung umbewertet.

> Ich habe mich selbständig gemacht und hatte dafür einen Ford Transit Bus. Ich hatte *Marke A* damals hier vor der Türe stehen und er stand einfach nur da und das fand ich schade [...] Das ist der Grund, warum ich ihn eigentlich nicht mehr habe. (Z28) *Später im Interview erwähnt er:* Eigentlich wollte ich ihn nicht verkaufen, aber so ein teures Auto, dafür ist man 300 Euro an Steuern innerhalb von 3 Monaten los. Und ihn dann vor der Tür stehen zu haben, ist verrückt. (Thomas, Z74)

Dagegen zeigt George als kognitive Copingstrategie „positives Denken“. Nachdem er über 30 Jahre Marke A gefahren ist, sieht er nun den Vorteil, eine andere Marke zu fahren, indem er jetzt durch Dritte nicht mehr beurteilt wird:

> Mit Marke A hat man das Gefühl, die Leute urteilen über einen. [...] Und nun machen sie das nicht mehr und das macht uns glücklich. (George, ZZ62-Z64)

Menschen haben grundsätzlich ein Bedürfnis nach Kontrolle über ihre Umwelt (vgl. Williams und Zadro 2001). Ein Fehlen von Kontrolle führt zu dem Gefühl von Hilflosigkeit und kann mit negativen psychischen Auswirkungen einhergehen (Seligman 1975). Indem die Konsumenten die Situation umbewerten und beispielsweise persönliche Gründe als Grund für das Beziehungsende angeben, können sie rückwirkend Kontrolle über die Situation bekommen (Thompson 1981) und bewältigen somit das Ende der Beziehung einfacher.

Spaltung

Eine weitere kognitive Copingstrategie ist die Trennung zwischen Marke und Händler. Während die meisten Konsumenten, die Produkt- oder Serviceprobleme mit der Marke erlebt haben, das Verhalten eines Markenakteurs verallgemeinern und auf die Marke übertragen, trennen einige Konsumenten zwischen den einzelnen Beteiligten der Marke. Sie spalten das Markensystem in ein gutes und ein böses Objekt auf, den „bösen" Händler und die „gute" Marke. Diese Sichtweise impliziert, dass die Marke und der Händler nicht dem gleichen System angehören, sondern voneinander unabhängig sind.[12] Walter erfährt von dem Händler, dass auch das Unternehmen (die Marke) keine Bereitschaft für eine Kulanz-Regelung zeigt. Anstatt dem Markensystem (d.h. der Marke als Ganzes) die Schuld zu geben, trennt Walter zwischen der Marke und dem Händler.

> Kd.: Der Händler sagte mir, dass sie Kontakt mit der Marke aufgenommen haben und die Marke auch nichts tun würde (Z153) [...] Ich hatte gehofft, dass der Händler zur Werkstatt sagt: ‚Das ist euer Fehler, bitte kommt den Wünschen des Konsumenten nach.'
> Int.: [...] Das klingt als wären sie insgesamt etwas von *Marke A* enttäuscht, wie sie damit umgegangen sind.

[12] Zu dem Zeitpunkt der Erhebung waren alle Werkstätten der Marke Vertragshändler oder unternehmenseigene Niederlassungen, die in ihrer Preisstrategie an die Vorgaben des Unternehmens gebunden waren.

> Kd.: NEIN! Ich bin nicht von *Marke A* enttäuscht. Ich hatte immer das Gefühl, dass es ein Fehler der Werkstatt war.
> (Walter, Z153-Z167)

Mit der Trennung zwischen Marke und Händler können alle negativen und selbstwertbedrohlichen Erfahrungen dem Händler zugeschrieben und die Marke weiterhin als positiv und selbstwertstärkend wahrgenommen werden. Grundsätzlich kann die Trennung nicht nur zwischen Händler und Marke stattfinden, sondern auch in anderen Kombinationen wie beispielsweise zwischen Produkt und Marke.

6.1.3.3 Emotionale Copingstrategien

Im Gegensatz zu den kognitiven Strategien steht bei dem emotionalen Coping das Mitteilen des Erlebten und der eigenen Gefühle im Mittelpunkt. Die ehemaligen Konsumenten lassen sich dahingehend unterscheiden, ob sie emotionales Coping als Strategie anwenden oder kein emotionales Coping in der Post-Trennungsphase zeigen (vgl. Tabelle 11).

Tabelle 11: Konstrukt „Emotionales Coping"

	Häufigkeit (N=43)	**Prozent**
Emotionales Coping		
emotionales Coping	16	37%
kein emotionales Coping	27	63%

Quelle: Eigene Darstellung

Während der unternehmensbezogenen Ereignisse haben die Befragten bei Kernfehlern und Schwierigkeiten in der Serviceinteraktion von der Marke (oder dem Händler) selbstwertbedrohliche Ablehnung, Entwertung und Abhängigkeit erlebt.

Nach dem Ende der Beziehung wird das Erlebte bewältigt, indem die ehemaligen Konsumenten das Markensystem entwerten, um so das eigene Selbstwertgefühl wieder aufzuwerten (Sommer 2001). In ihren Kommentaren äußern sie sich abfällig und verachtend über den Händler (*„arrogante Affen“* Frank, Z126) oder über die Marke (*„Ich finde Marke A hat überhaupt keinen Status mehr.“* Harold, Z164). Sie sprechen ebenfalls abfällig über das Produkt (*„Dann sag ich ‚Schau, da fährt wieder so ein Lärmmacher‘.“* Ralph, Z53) oder die Konsumentengruppe der Marke (*„da sitzen auch häufig die falschen Leute drinnen.“* Kenneth, Z64) zu denen die Befragten bisher ebenfalls gehört haben.

> Es ist ein Vertreterauto. Den Rest können sie sich selber denken. (Dennis, Z70)
>
> *Marke A* ist eher auf Angeber eingestellt. (Dennis, Z118)
>
> Es ist so eine aufgemotzte Karre geworden [...] und fuhr wie Hölle [...] (Z140). Später haben sie den Einkaufswagen gebaut. Ich sage dazu immer Einkaufswagen – als Witz – für diese arroganten Vorstadt-Frauen. (Richard, Z312)

Dabei erfolgt eine Entwertung nicht auf der gleichen Ebene, auf der ein Schaden entstanden ist. Unabhängig von dem Wechselgrund werden in der Post-Trennungsphase verächtliche und abwertende Reaktionen gegenüber dem Produkt, der Marke, dem Händler oder der bestehenden Konsumentengruppe gezeigt.

6.1.4 Zusammenfassung der qualitativen Ergebnisse

Mit der Identifikation wesentlicher Konstrukte der Post-Trennungsphase hat das vorliegende Kapitel die erste Forschungsfrage beantwortet. Die Befragten unterscheiden sich nicht nur in der Beziehungsphase hinsichtlich der kritischen Ereignisse und dem Markennutzen. Sie unterscheiden sich ebenfalls in der Post-Trennungsphase in ihren beziehungs- und trennungsbezogenen Reaktionen.

Die Bindung der Befragten variiert von einer leidenschaftlichen Markenbindung bis hin zu einer ablehnenden Markenbindung. Während einige Befragte nach dem Ende der Beziehung die Marke vermissen und sich sehnsüchtig äußern, kommen bei anderen Befragten noch intensive Gefühle von Ärger und Wut hoch, wenn sie über das kritische Ereignis sprechen oder daran denken. Auch in ihrer Identifikation mit der Marke unterscheiden sich die Befragten. Nach dem Ende der Beziehung fühlen sich einige Konsumenten der bisherigen Marke gegenüber zugehörig und erhöhen das bisherige Markensystem. Andere dagegen grenzen sich von ihrer bisherigen Markenbeziehung ab. Sie werten die bisherige Markenbeziehung ab und identifizieren sich mit der neuen Marke.

In der Kommunikation über die Marke kommen die vorgenannten psychologischen Faktoren zum Vorschein, indem neben einer eindeutigen positiven oder negativen Markenkommunikation auch eine ambivalente Markenkommunikation zu beobachten ist. Dabei wird über das Markensystem gleichzeitig positiv und negativ kommuniziert. In ihrem Kontaktverhalten zeigen die Befragten ebenfalls Unterschiede. Während einige Konsumenten noch Kontakt zur Marke suchen und sich über verschiedene Kommunikationskanäle über die Marke informieren, haben andere Konsumenten den Kontakt zur Marke beendet und suchen nicht mehr nach Informationen über die Marke.

In ihren Accounts stellen die Befragten die eigene Verantwortung oder die der Marke heraus und gestalten damit ihre eigene Rolle als aktiver Part oder als „Geschädigter". Während mit der eigenen Verantwortung für das Beziehungsende mehr Kontrolle einhergeht, bekommen die „Opfer" Zuwendung und Verständnis von den Zuhörern bei dem Erzählen ihrer Erlebnisse. Entsprechend unterscheiden sich die Befragten auch in ihren Copingstrategien. Mit kognitiven Copingstrategien bewerten die Befragten die Ursachen der Trennung um, rationalisieren oder trennen zwischen dem „bösen" Händler und der „guten" Marke. Emotionale Copingstrategien bieten dagegen die Möglichkeit, sich Luft zu machen, durch verbale Entwertung des Markensystems Vergeltung zu üben und damit rückwirkend die Beziehung wieder in ein Gleichgewicht zu bringen.

6.2 Bestimmung der Konsumentensegmente

Für die quantitative Analyse sind die identifizierten Konstrukte in kategoriale Variablen transformiert worden.[13] Kapitel 6.2.1 stellt die Variablen der Post-Trennungsphase mit den einzelnen Kategorien und ihren Häufigkeiten dar. Die kategoriale Hauptkomponentenanalyse wird in Kapitel 6.2.2 genutzt, um die Segmente zu identifizieren und die zugrundeliegende Struktur der transformierten Variablen zu untersuchen. In Kapitel 6.2.3 wird mittels einer post-hoc Clusteranalyse sowie dem Pseudo-F Index die vorgefundene Clusterlösung überprüft.

6.2.1 Deskriptive Häufigkeiten der Konstrukte

Aus der qualitativen Analyse ergeben sich sieben zentrale Konstrukte, welche die Konsumentenreaktionen in der Post-Trennungsphase beschreiben. Jedes Konstrukt zeigte dabei unterschiedliche Ausprägungen. Für die quantitative Analyse wurden diese Konstrukte in nominale (kategoriale) Variablen transformiert. Die folgende Darstellung gibt einen Überblick über die Kategorien der einzelnen Variablen sowie ihre Häufigkeitsverteilung.

Die Variable Markenbindung wurde in sehr positive, positive, distanzierte, negative und sehr negative Bindung unterschieden (vgl. Tabelle 12). Nach dem Ende der Beziehung zeichnen sich knapp zwei Drittel der ehemaligen Konsumenten (61%) durch eine positive oder sehr positive Bindung der Marke gegenüber aus. Von den verbleibenden Befragten zeigen 23% eine negative oder sehr negative Bindung der Marke gegenüber, während 16% als distanziert einzuordnen sind (für einen Überblick über die Häufigkeitsverteilungen siehe Tabelle 18). Neben ihrer Markenbindung unterscheiden sich die Befragten in der Post-Trennungsphase hinsichtlich ihrer Identifikation mit der Marke. Dabei fühlen sich 40% der Befragten der bisherigen

[13] Bei quantitativen Analysen stellt die Variable das operationalisierte Konstrukt dar. Entsprechend wird im Folgenden ausschließlich der Begriff Variable für die quantifizierten Konstrukte verwendet.

Marke zugehörig oder erhöhen sie, während sich 23% der neuen Marke zugehörig fühlen und finden, dass die neue Marke besser zu ihnen passt.

Für 37% der Befragten spielt die Marke für die eigene Identität derzeit keine Rolle. Im Gegensatz zu den anderen Befragten betonen sie ihre Unabhängigkeit von der bisherigen, aber auch der aktuellen Markenbeziehung (vgl. Tabelle 13).

Tabelle 12: Kategorien der Variable „Markenbindung“

Variable	Definition	Kategorie	Beispiele
Markenbindung	**Emotionale Bindung der Marke gegenüber**	sehr positiv	Mein Herz ist doch noch immer bei Marke A. (Howard, Z91)
		positiv	Ich finde es immer noch ein schönes Auto [...] Es hat so eine besondere Ausstrahlung. (Helen, Z114)
		distanziert	Ich habe keine Emotionen [...] Es ist nur ein Transportmittel [...] (Brian, Z70; 94)
		negativ	Marke A ist ein sehr schönes Auto, aber ich will nie wieder einen. (Eric,Z83)
		sehr negativ	Es geht nicht so weit, dass Marke A bei mir Rachegefühle oder Wutanfälle hervorruft, wenn ich ein Auto fahren sehe [...], kein Gefühl von Vergeltung, aber ich bin sehr enttäuscht von Marke A. (Henry, Z38)

Quelle: Eigene Darstellung

Die Kommunikation über die Marke (vgl. Tabelle 14) ist bei 44% der Befragten positiv, während etwas mehr als die Hälfte der Befragten (56%) negativ oder ambivalent über die Marke, das Produkt, die Konsumenten oder den Händler sprechen. Dieses Ergebnis deutet an, dass die Befragten trotz hoher Markenbindung nicht unbedingt positiv über die Marke kommunizieren.

Von den Befragten zeichnen sich zwar 61% durch eine positive oder sehr positive Markenbindung aus, aber nur 44% der Befragten kommunizieren positiv über die Marke.

Bei der Variable Markenkontakt unterscheiden sich die Befragten, ob sie noch Kontakt zur Marke haben oder den Kontakt inzwischen abgebrochen haben (vgl. Tabelle 15).

Tabelle 13: Kategorien der Variable „Soziale Identität"

Variable	Definition	Kategorie	Beispiele
Soziale Identität	**Identifikation mit einer Marke**	neue Marke	Es ist ein Auto, das zu mir passt [...] Das Eigensinnige von Marke X_3 hat mich schon immer angesprochen. (Harold, Z31-33)
			Marke X_7, die ich jetzt habe, gefällt mir sogar viel besser. (Eric, Z95)
		Marke zur Identifikation nicht von Bedeutung	Ich möchte nicht eingeengt werden, indem ich mit solch einem Image in Verbindung gebracht werde. Ich möchte unabhängig sein und tun, was ich will... (Jeffrey, Z191)
		bisherige Marke	Marke A passt zu mir. (Fred, Z155)

Quelle: Eigene Darstellung

Tabelle 14: Kategorien der Variable „Markenkommunikation"

Variable	Definition	Kategorie	Beispiele
Markenkommunikation	**Kommunikation über die Marke Dritten gegenüber**	positiv	[Es ist] ein zuverlässiges, qualitativ hochwertiges Auto mit einem Tick Luxus. Da ich ihn gefahren habe, kommt auch noch meine Erfahrung mit ins Spiel. Es ist nicht nur Verkäufergeschwätz über Zuverlässigkeit und Qualität, sondern das setzt Marke A auch um. (David, Z53)
		ambivalent	Ich höre weniger Gutes momentan, lassen Sie es mich so sagen. Es gab da einige Probleme mit der Elektronik [...] und ich finde, sie sind unglaublich teuer [...] ja, und auch ein gutes Auto, ein solides Auto. (Kenneth, Z58-64)
		negativ	Ich spreche darüber [über die bisherige Marke] in einer nega ... in einer negativen Weise, schätze ich. (Brian, Z96)

Quelle: Eigene Darstellung

Von den Befragten halten etwas mehr als die Hälfte (56%) Kontakt zur Marke, indem sie auf die Internetseiten des Herstellers gehen, Artikel über die Marke lesen oder sich auf Messen über neue Entwicklungen der Marke informieren.

Tabelle 15: Kategorien der Variable „Markenkontakt"

Variable	Definition	Kategorie	Beispiele
Markenkontakt	**aktiver oder passiver Markenkontakt**	Kontakt zur Marke	Schauen Sie noch nach Informationen über Marke A? Ja, fast täglich. Heute zufällig auch wieder. (Michael, Z39)
		keinen Kontakt zur Marke	Ich fand es ein schönes Auto und das war's [...] das Kapitel ist beendet und ein nächstes Kapitel wird angefangen. (Gerald, Z192)

Quelle: Eigene Darstellung

Dagegen haben 44% der Befragten den Kontakt zur Marke abgebrochen, verfolgen aktuelle Entwicklungen nicht mehr und suchen auch keine Informationen über die Marke.

Tabelle 16: Kategorien der Variable "Account Making"

Variable	Definition	Kategorie	Beispiele
Account Making	**Verantwortung für den Markenwechsel**	Persönliche Verantwortung	Da bin ich ganz allein für verantwortlich. Weil ich einfach was anderes wollte. (Gerald, Z166)
		Händler	Marke A ist dafür nicht verantwortlich. Ich nehme an, dass der Händler seine eigene Verantwortung hat. (Frank, Z224)
		Marke	Es geht um das Image von Solide, Vertrauenswürdig und hohem Wiederverkaufswert [...] Eigenschaften, die, wie sich später herausstellte, nicht wahr sind. (Harold, Z58)

Quelle: Eigene Darstellung

In der Darstellung ihrer Trennungsgeschichte (Account making) und den damit einhergehenden Schuldzuweisungen machen die Befragten verschiedene Akteure für den Wechsel verantwortlich.

Mehr als die Hälfte der Befragten (56%) sehen das Ende der Beziehung als ihre eigene Entscheidung an, während 23% der Befragten den Händler und 21% die Marke dafür verantwortlich machen. Bei der Hälfte der Befragten (51%) zeigen sich als kognitive Bewältigungsstrategien Rationalisierung und Umbewertung, während 16% als Strategie Spaltung zwischen der Marke und dem Händler zeigen (vgl. Tabelle 17).

Tabelle 17: Kategorien der Variable „Kognitives Coping"

Variable	Definition	Kategorie	Beispiele
Kognitives Coping	**Bewältigung des Beziehungsendes durch die Anwendung von kognitiven Strategien**	Rationalisierung oder Umbewertung	Denen [dem Händler] sind auch die Hände gebunden. Für sie ist es ein fester Preis, so dass die Diskussionen schnell beendet sind. (Kenneth, Z236) Wenn ich bei einem Konsumenten ankomme, kann ich mich nicht mit Modell X [der Marke A] sehen lassen. (Paul, Z141)
		Spaltung	Ich bin nicht von *Marke A* enttäuscht. Ich hatte immer das Gefühl, dass es ein Fehler der Werkstatt war. (Walter, Z167)
		keine kognitiven Copingstrategien	Konsumenten verwenden keine sichtbaren kognitiven Strategien

Quelle: Eigene Darstellung

Ein Drittel der Befragten (33%) zeigt keine kognitiven Bewältigungsstrategien. Emotionale Copingstrategien sind bei etwas mehr als einem Drittel der Interviewten (37%) sichtbar geworden, während zwei Drittel der Befragten (67%) keine derartigen Strategien nutzen (vgl. Tabelle 18).

Die Häufigkeitsverteilung der Konstrukte wird in Tabelle 19 dargestellt. Es wird deutlich, dass nach dem Ende der Markenbeziehung mehr als die Hälfte der Befragten eine positive Wahrnehmung von der Marke haben, indem sie ein positives (oder sehr positives) Attachment haben (61%).

Knapp die Hälfte der Befragten identifizieren sich mit der Marke (40%), kommunizieren positiv über sie (40%) oder halten Kontakt zur ihr (56%).

Tabelle 18: Kategorien der Variable „Emotionales Coping“

Variable	Definition	Kategorie	Beispiele
Emotionales Coping	**Emotionale Copingstrategien (z.B. sich Luft machen oder Marke, Konsumenten oder das Produkt abwerten)**	Emotionales Coping	Das ist so übertrieben, dass man Marke A fahren muss. Ich glaube nicht, dass man das muss. Das ist für mich nicht notwendig .... es gibt andere Marken, die sind genauso gut. Es ist nicht so, dass es nur Marke A gibt. (Kenneth, Z136) Marke A ist eher auf Angeber eingestellt. (Dennis, Z118)
		Kein emotionales Coping	Konsumenten zeigen kein sichtbares emotionales Coping

Quelle: Eigene Darstellung

Tabelle 19: Häufigkeiten der Variablen der Post-Trennungsphase

Kategoriale Variablen der Post-Trennungsphase		
	Häufigkeiten (N=43)	Prozent
Markenwert		
hoch	30	70%
niedrig	13	30%
Attachment		
sehr positiv	6	14%
positiv	20	47%
distanziert	7	16%
negativ	4	9%
sehr negativ	6	14%
Identität		
bisherige Marke	17	40%
neue Marke	10	23%
Marke derzeit nicht wichtig	16	37%
Markenkommunikation		
positiv	19	44%
ambivalent	11	26%
negativ	13	30%
Markenkontakt		
Kontakt	24	56%
keinen Kontakt	19	44%
Account making		
persönliche Entscheidung	24	56%
Händler	10	23%
Marke	9	21%
Kognitives Coping		
Rationalisierung/Umbewertung	22	51%
Spaltung	7	16%
kein kognitives Coping	14	33%
Emotionales		
emotionales Coping	16	37%
kein emotionales Coping	27	63%

Quelle: eigene Darstellung

6.2.2 Ergebnisse der Hauptkomponentenanalyse

Die Identifikation der einzelnen Segmente erfolgte mit Hilfe der kategorialen Hauptkomponentenanalyse (CatPCA). Die Variablen werden dabei auf wenige, bedeutsame Komponenten reduziert. Gleichzeitig werden die Objekte (Befragte) und Variablen gemeinsam innerhalb eines mehrdimensionalen Raumes abgebildet. Die identifizierten Hauptkomponenten bilden dabei die Grundlage für die Dimensionen in der graphischen Darstellung. Im Gegensatz zur Multidimensionalen Skalierung und der Clusteranalyse können damit nicht nur Zusammenhänge entweder zwischen Personen oder zwischen Kategorien, sondern gleichzeitig Zusammenhänge zwischen Personen und Kategorien abgebildet werden. Damit werden die Reaktionsmuster eines jeden einzelnen Segments in der Post-Trennungsphase sichtbar. Mit diesem Vorgehen bietet die CatPCA einen höheren Erklärungsgehalt als die beiden anderen Methoden.

Die CatPCA wurde mit Spline[14] ordinal und Spline nominal gerechnet. Die Spline Transformation ist das konservativere Maß, da eine normale Berechnung zur Überschätzung der Fit-Werte führen kann (Meulman, Kooij und Heiser 2004). Als Maß zur Bestimmung der Komponenten wurde das Eigenwert-Kriterium angewendet.[15] Die Ergebnisse (siehe Tabelle 20) zeigen eine zweifaktorielle Lösung, bei denen die erste Komponente 47 % der Varianz erklärt (VAF) und die zweite Komponente 31% der Varianz. Zusammen erklären beide Komponenten 78,18 % der Varianz (Cronbach's Alpha = .95).

Für die Berechnung der Komponenten werden die einzelnen Kategorien der Variablen optimal skaliert. Der optimal skalierte Wert einer Kategorie wird dabei als Quantifizierung dieser Kategorie bezeichnet. Tabelle 21 zeigt die Quantifizierungen aller Variablen und deren Kategorien. Anhand der Quantifizierungen kann überprüft werden, ob die verwendeten ordinal oder höher skalierten Variablen ihrem Skalenniveau angemessen sind. Eine fehlende gleichmäßige Verteilung der Quantifizierung

---

[14] Ein Spline ist eine Funktion, die aus mehreren Polynomen besteht und so zu einer robusteren und geglätteten Funktion führt (vgl. für eine ausführliche Darstellung Meulman, Kooij und Heiser 2004).

[15] Nach dem Scree-Test sollen nur Komponenten mit einem Eigenwert, der größer als Eins ist, in die Auswertung einbezogen werden.

zeigt beispielsweise, dass diese Kategorien durch die kategoriale Hauptkomponentenanalyse nicht so klar getrennt wurden, wie es bei einem echt ordinalen oder höher skalierten Niveau zu erwarten gewesen wäre. Ein angemessener Umgang mit solchen Effekten ist die erneute Berechnung auf einem niedrigeren Niveau. Die Variablen Markenbindung und Kommunikation wurden zuerst mit Spline ordinal gerechnet und zeigten eine ungleiche Verteilung in den Quantifizierungen. In einem zweiten Schritt wurden alle Variablen mit Spline nominal gerechnet.

Tabelle 20: Modellzusammenfassung der CatPCA

Dimension	Cronbach's Alpha	Variance Accounted For (VAF)	
		Total (Eigenwert)	% der Varianz
1	,811	3,283	46,903
2	,634	2,189	31,274
Total	,953[a]	5,472	78,178

a. Total Cronbach's Alpha basiert auf der Summe der Eigenwerte

Quelle: SPSS 15.0 Output

Quantifizierungen, die kaum einen Abstand aufweisen, deuten darauf hin, dass es sich nicht um zwei getrennte Kategorien handelt. In solch einem Fall sind die Kategorien zusammenzufassen und die CatPCA neu zu berechnen. Die vorliegenden Quantifizierungen zeigen bei allen Kategorien angemessene Abstände, so dass alle bestehenden Kategorien beibehalten wurden.

Zur besseren Interpretierbarkeit wurden die standardisierten Quantifizierungen der Kategorien mit der klassischen Hauptkomponentenanalyse Varimax rotiert. Die Gütewerte der Hauptkomponentenanalyse waren gut.[16] Die Komponentenmatrix in Tabelle 22 zeigt, dass auf die erste Komponente Markenbindung, Soziale Identität,

[16] Die Werte für das Kaiser-Meyer-Olkin-Maß (KMO) lagen für die Stichprobe bei KMO=.65 und sind damit zufriedenstellend. Für die einzelnen Variablen lagen die Werte zwischen KMO=.54 und KMO=.85, was ebenfalls als zufriedenstellend zu bezeichnen ist (Brace, Kemp und Snelgar 2003).

Kommunikation und Kontakt zur Marke laden (alle Komponentenladungen jeweils > .738). Auf die zweite Komponente laden Account making, kognitives Coping und emotionales Coping (alle Komponentenladungen > .761).

Tabelle 21: Quantifizierungen der Kategorien

Variable	Kategorie	Quantifizierung
Markenbindung	sehr positiv	1,362
	positiv	0,585
	distanziert	-0,794
	negativ	-1,280
	sehr negativ	-1,531
Soziale Identität	neue Marke	-1,320
	keine Identifikation	-0,408
	bisherige Marke	1,161
Markenkommunikation	positiv	0,947
	ambivalent	0,033
	negativ	-1,413
Markenkontakt	Kontakt	0,890
	keinen Kontakt	-1,124
Account Making	Persönliche Entscheidung	-0,833
	Händler	1,555
	Marke	0,493
Kognitives Coping	Rationalisierung/ Umbewertung	-0,597
	Spaltung	2,227
	kein Coping	-0,176
Emotionales Coping	emotionales Coping	1,299
	kein emotionales Coping	-0,770

Quelle: In Anlehnung an SPSS 15.0 Output

Die erste Komponente lässt sich als „beziehungsbezogene Reaktionen“ beschreiben. Sie umfasst Variablen, die den inneren und äußeren Beziehungszustand sichtbar machen. Die zweite Komponente lässt sich als „trennungsbezogene Reaktionen“ beschreiben. Die Variablen, die auf diese Komponente laden, umfassen die Verantwortungszuschreibung im Rahmen der Trennungsgeschichte (Account making) und die Bewältigungsreaktionen, die mit dem kritischen Ereignis und der daraus resultierenden Trennung einhergehen.

Tabelle 22: Varimaxrotierte Komponentenmatrix

	Komponenten	
	1	2
Markenbindung	,968	,041
Soziale Identität	,738	-,048
Kommunikation	,867	-.210
Kontakt	,795	,031
Account Making	-,119	,960
Kognitives Coping	,374	,847
Emotionales Coping	-,434	,761

Quelle: In Anlehnung an SPSS 15.0 Output

In Abbildung 10 wird der Zusammenhang zwischen den beiden Komponenten und den einzelnen Variablen graphisch in einem Kategorienplot dargestellt. Da es sich hier um eine Zwei-Komponentenlösung handelt, können die beiden Komponenten in einem zweidimensionalen Raum abgebildet werden. Aufgrund des höheren Eigenwertes bildet die Komponente „beziehungsbezogene Reaktionen“ die Dimension 1, die Komponente „trennungsbezogene Reaktionen“ aufgrund ihres geringeren Eigenwertes die Dimension 2.

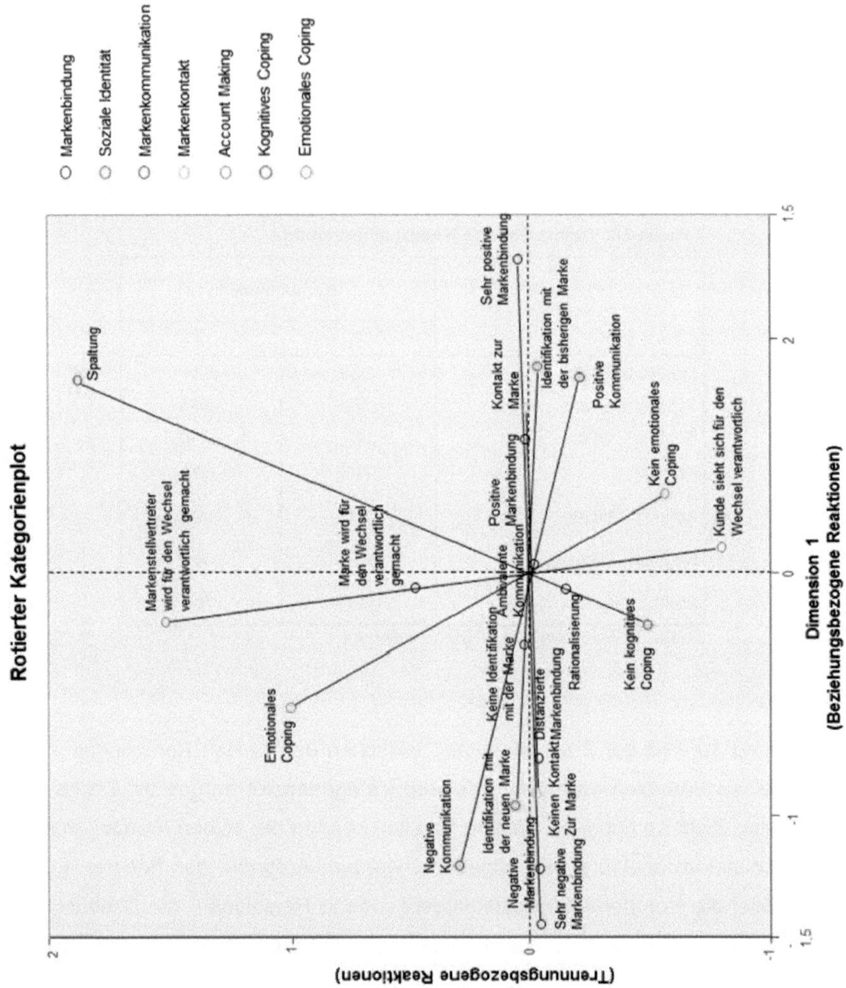

Abbildung 10: „Rotierter Kategorienplot"
Quelle: Eigene Darstellung in Anlehnung an SPSS 15.0 Output
Quelle: In Anlehnung an SPSS 15.0 Output

Innerhalb dieses zweidimensionalen Raumes werden die Variablen als Vektoren dargestellt. Die Kategorien der einzelnen Variablen liegen auf den entsprechenden Vektoren, die jeweils durch den Nullpunkt gehen.[17] Die Reihenfolge der Kategorienpunkte ist abhängig von der Quantifizierung. Die Endpunkte der Vektoren stellen die höchsten sowie niedrigsten Quantifizierungen der einzelnen Variablen dar. Der Winkel zwischen den Variablen gibt Aufschluss über die quantifizierten Korrelationen. Je höher die Korrelation zweier Variablen, desto geringer der Winkel zwischen diesen beiden Variablen.

Ähnliches gilt für die örtliche Nähe von Kategorienpunkten. Je näher Kategorienpunkte beieinander liegen, desto größer ist ihr Zusammenhang. Beispielsweise liegen „negative Kommunikation" der Variable Kommunikation und „Identifikation mit der neuen Marke" der Variable soziale Identität örtlich nah beieinander.

Der Objektplot (Abbildung 11) stellt die Lage der einzelnen Befragten auf den beiden Dimensionen „beziehungsbezogene Reaktionen" und „trennungsbezogene Reaktionen" dar.[18] Befragte mit einem identischen Profil haben dieselbe Plot-Position. Die Abbildung zeigt, dass die Objektpunkte nicht zufällig im Raum verteilt sind, sondern sich um vier unterschiedliche Zentren verteilen. Die Distanz zwischen den einzelnen Objekten stellt die Ähnlichkeit bzw. die Unähnlichkeit der einzelnen Befragten in der Post-Trennungsphase dar.

[17] Da die Vektoren durch den Nullpunkt gehen, lassen sich die Komponentenladungen als Koordinaten für die graphische Darstellung der Vektoren nutzen. Die Berechnung der Lage der Kategorien erfolgt durch die Multiplikation des optimal skalierten Wertes (Quantifizierung) mit der Komponentenladung.

[18] Für eine übersichtliche Darstellung der Cluster werden die Befragten in dieser und den folgenden Abbildungen mit numerischen Codes aufgeführt. In Anhang C werden Namen und numerische Codes gemeinsam dargestellt.

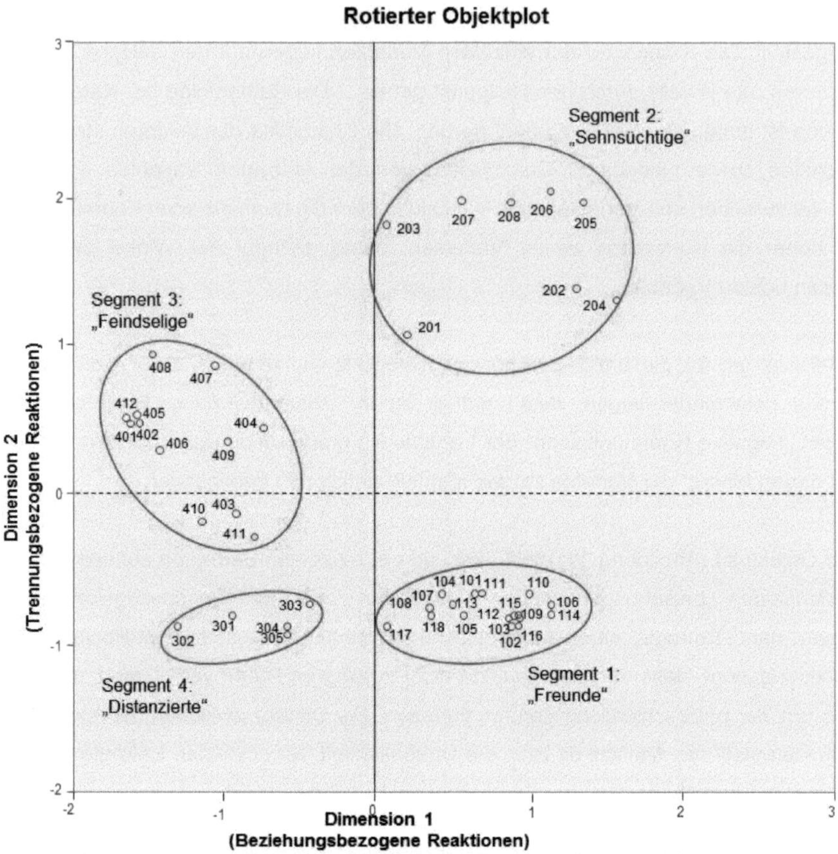

Aus dem Cluster 1 sind die Objektwerte der Personen 102, 103, 109, 112, 115, 116 sowie 104 und 106, 101 und 111, 107 und 118 identisch. Aus dem Cluster 3 sind die Objektwerte 304 und 305 identisch. Aus dem Cluster 4 sind die Objektwerte 401, 402, 405 und 412 identisch. Zur besseren Übersichtlichkeit sind sie nebeneinander dargestellt.

Abbildung 11: Rotierter Objektplot
Quelle: Eigene Darstellung in Anlehnung an SPSS 15.0 Output

Tabelle 23 stellt die Häufigkeiten der einzelnen Segmente dar. Die beiden größten Gruppen sind dabei das Segment „Freunde“ (42%) und „Feindselige“ (28%). Die beiden kleineren Gruppen sind die Segmente „Sehnsüchtige“ (19%) und „Distanzierte“ (12%).

Tabelle 23 : Verteilung der Konsumentensegmente

Gruppe	N	Prozent
„Freunde“	18	42%
„Sehnsüchtige“	8	19%
„Feindselige“	12	28%
„Distanzierte“	5	11%
Total	43	100%

Quelle: Eigene Darstellung

In der Biplot-Darstellung(Abbildung 12) sind die Vektoren (Variablen) und Objekte (Personen) gemeinsam abgebildet. Auf der ersten Dimension „beziehungsbezogene Reaktionen“ unterscheiden sich das Konsumentensegment 1 („Freunde“) und Segment 2 („Sehnsüchtige“) gegenüber Segment 3 („Feindselige“) und Segment 4 („Distanzierte“).

Auf der zweiten Dimension „trennungsbezogene Reaktionen“ lassen sich Segment 1 („Freunde“) und Segment 4 („Distanzierte“) gegenüber Segment 2 („Sehnsüchtige“) und Segment 3 („Feindselige“) trennen.

Für die Interpretation der Zusammenhänge zwischen Kategorien und Objekten (Personen) gilt das gleiche wie auch zwischen den Kategorien. Zusammenhänge lassen sich graphisch anhand von örtlicher Nähe erkennen. Beispielsweise zeigt das Segment „Sehnsüchtige“ eine örtliche Nähe zu der Kategorie „Spaltung“. Das bedeutet, dass dieses Segment zwischen der Marke und dem Händler trennt[19], während die anderen Segmente von dieser Kategorie weiter entfernt sind. Sie zeigen beispielsweise eine größere Nähe zu der Kategorie „Rationalisierung“ und „keine Copingstrategien“. Der rotierte Objektplot zeigt, dass sich bis auf die Ausnahme von drei Personen des Segments „Feindselige“ alle vier Segmente einem Quadranten in der zweidimensionalen Darstellung zuordnen lassen.

[19] In Kapitel 6.3 wird anhand von exakten Häufigkeitsdarstellungen vertieft darauf eingegangen.

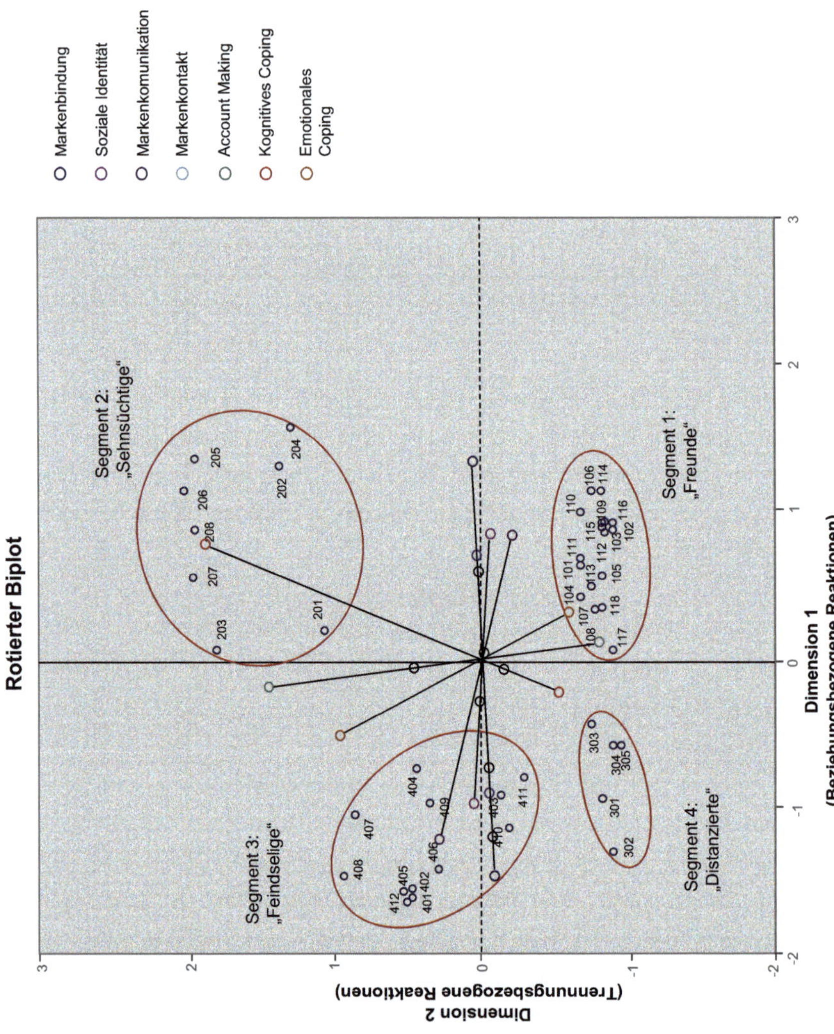

Abbildung 12: Rotierter Biplot der Variablen und Objekte

Quelle: In Anlehnung an SPSS 15.0 Output

6.2.3 Überprüfung der Konsumentensegmente

Die graphisch sichtbaren Segmente wurden zusätzlich mit einer post-hoc Clusteranalyse überprüft (vgl. Abbildung 13). Für die hierarchische Clusteranalyse wurden als Clustervariablen die beiden Faktorwerte (Dimension 1 und Dimension 2) der CatPCA verwendet. Als Clustermethode wurde die Ward-Methode mit dem Distanzmaß der quadrierten euklidischen Distanz verwendet.

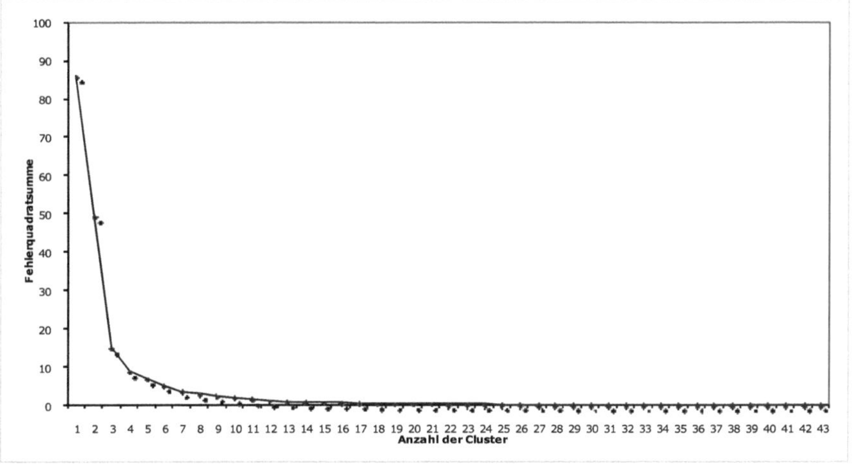

Abbildung 13: Elbow-Kriterium zur Bestimmung der Clusteranzahl
Quelle: Eigene Darstellung

Die ideale Anzahl der Konsumentensegmente (Cluster) lässt sich über das Elbow-Kriterium (vgl. Backhaus et al. 2006) bestimmen, das dem Scree-Test der Faktorenanalyse entspricht. Dabei ist die Clusteranzahl so zu wählen, dass eine möglichst geringe Clusteranzahl im Verhältnis zu einem geringen Zuwachs der Fehlerquadratsumme steht. Die optimale Clusteranzahl zeigt sich bei einer graphischen Darstellung durch einen Knick (Elbow), wenn die Clusteranzahl und die Fehlerquadratsumme auf zwei Achsen gegeneinander abgetragen werden.

Die Abbildung verdeutlicht, dass die Fehlerquadratsumme überproportional bis zu einer Vier-Clusterlösung sinkt. Bis zu einer Drei-Clusterlösung sinkt die Fehlerquadratsumme jeweils um einen Wert >34, zwischen der Drei-Clusterlösung und der Vier-Clusterlösung sinkt die Fehlerquadratsumme von 14,9 auf 8,7 (um einen Wert von 6,2). Danach sinkt die Fehlerquadratsumme unterproportional um einen Wert <2. Entsprechend ist nach diesem Kriterium eine Vier-Clusterlösung ideal.

Zusätzlich wurde zur Überprüfung der idealen Clusteranzahl (Konsumentensegmente) der von Calinski und Harabasz (1974) entwickelte Pseudo-F Index sowie das Verfahren der pseudo T-quadrierten Werte von Duda und Hart (1973) verwendet (vgl. Tabelle 24).

Tabelle 24: Gütekriterien zur Bestimmung der Clusteranzahl

Fit Indices der unterschiedlichen Clusterlösungen

Anzahl der Cluster	Pseudo-F Index (Calinski und Harabasz 1974)*	Pseudo T-quadrierte Werte (Duda und Hart 1973)**
2	30.82	98.06
3	95.27	27.66
4	*114.38****	*8.15****
5	110.53	16.01

* Je höher die Werte des Pseudo-F Index, desto besser werden die Cluster getrennt
** Je niedriger die Wertes des Pseudo T-Quadrat, desto besser werden die Cluster getrennt
***Die kursiv gedruckten Zahlen geben die beste Clusterlösung an.

Quelle: Eigene Darstellung

Der Pseudo-F Index verwendet ein Varianzkriterium, das die Quadratsumme zwischen den Gruppen und die Quadratsumme innerhalb der Gruppen unter Berücksichtigung der Anzahl der Clusterlösungen in Beziehung setzt. Beide Verfahren zeigten in einer umfassenden Monte Carlo Studie von Milligan und Cooper (1985) die besten Werte zur Bestimmung der korrekten Clusteranzahl. Im Einklang mit dem Elbow-Kriterium legen auch diese beiden Verfahren eine Vier-Clusterlösung nahe. Die Vier-Clusterlösung stellt nach einer inhaltlichen Überprüfung eine handhabbare wie auch inhaltlich gut interpretierbare Segmentierung dar mit ausreichend großen und zugleich auch homogenen Gruppen.

6.2.4 Zusammenfassendes Fazit

Die CatPCA zeigt, dass sich die Konstrukte der Post-Trennungsphase zu zwei orthogonalen (unabhängigen) Dimensionen verdichten lassen: (1) „beziehungsbezogene Reaktionen“ und (2) „trennungsbezogene Reaktionen“. In der Post-Trennungsphase spielen demnach die noch innerlich fortbestehende Bindung und daraus resultierend das Gefühl der Zugehörigkeit eine wichtige Rolle und zum anderen die Bewältigung des Verlusts bzw. des erfahrenen kritischen Ereignisses. Abbildung 14 stellt idealtypisch die Verteilung der vier Segmente dar.

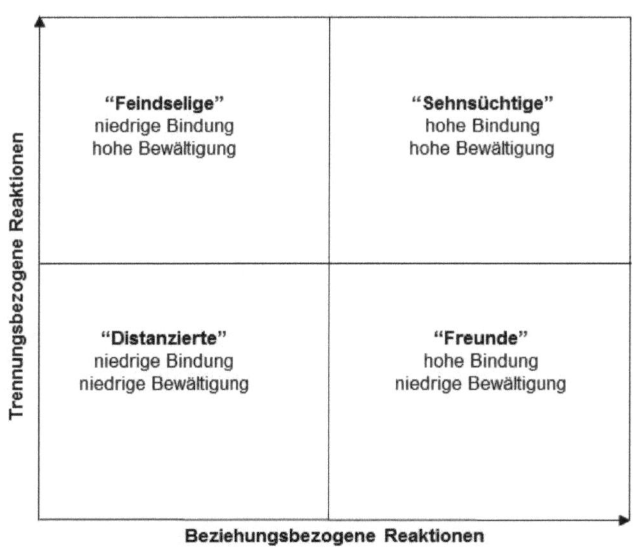

Abbildung 14: Segmente der Post-Trennungsphase
Quelle: Eigene Darstellung

In der Biplot-Darstellung der kategorialen Hauptkomponentenanalyse verteilen sich die befragten Personen nicht zufällig auf den beiden Faktoren (Dimensionen), sondern lassen sich als vier distinkte Konsumentensegmente abbilden. Die Segmente sind dabei jeweils fast vollständig auf einen Quadranten beschränkt, so dass jedes Segment eine der Ausprägungskombinationen (hohe vs. geringe Bindung und hohe vs. geringe Bewältigungsstrategien) abdeckt.

Damit zeigen die Segmente in sich konsistente Strukturen. Beispielsweise wären eine niedrige Bindung und eine hohe Bewältigung (Segment „Feindselige“) bei einem Wechsel aufgrund von einer unternehmensbedingten Krise zu erwarten. Umgekehrt wären eine hohe Bindung und niedrige Bewältigung (Segment „Freunde“) bei einem Wechsel aus persönlichen Gründen zu erwarten. Die Segmente zeigen aber auch gegenläufige und damit scheinbar widersprüchliche Strukturen, wie es anhand des Segments „Sehnsüchtige“ deutlich wird. Wie in dem folgenden Kapitel gezeigt wird, bewältigen ehemalige Konsumenten das kritische Ereignis der Beziehung, indem sie negativ über die Marke kommunizieren, obwohl sie noch eine hohe Zuneigung und Bindung der Marke gegenüber empfinden. Das bedeutet, dass sich ehemalige Konsumenten trotz hoher Bindung in der Post-Trennungsphase markenschädlich verhalten.

6.3 Integration der bisherigen Ergebnisse

Die bisherige Ergebnisdarstellung hat im qualitativen Ergebnisteil die einzelnen Konstrukte identifiziert. Im quantitativen Ergebnisteil konnte anhand der identifizierten Konstrukte gezeigt werden, dass sich die Befragten in vier Segmente einteilen lassen. Basierend auf dem Ansatz der Mixed Methods (Creswell und Clark 2007), werden in dem vorliegenden Kapitel qualitative und quantitative Methoden verbunden. Anhand einer Häufigkeitsverteilung wird quantitativ das typische Verhalten eines Segments gezeigt und zusätzlich durch Zitate qualitativ belegt. Entsprechend werden für jedes Segment die Ausprägungen innerhalb der Beziehungs- und der Post-Trennungsphase dargestellt.

6.3.1 Konsumentensegment I: „Freunde“

Das Segment „Freunde“ stellt bei den Befragten mit 42 % (n=18) die größte Gruppe dar. Sie zeigen nach dem Ende der Beziehung niedrige Werte auf der Dimension „trennungsbezogene Reaktionen“ und hohe Werte auf der Dimension „beziehungsbezogene Reaktionen“ (vgl. Abbildung 12). Das bedeutet, die „guten Freunde“ sehen sich in der Post-Trennungsphase als selbst verantwortlich für das Ende der Beziehung an. Sie zeigen keine markenschädigenden Bewältigungsreaktionen, dafür aber positive Beziehungsreaktionen. Tabelle 25 gibt einen Überblick aller Häufigkeiten für die einzelnen Konstrukte der Post-Trennungsphase sowie der vorangegangenen Beziehungsphase.

Während der Beziehungsphase ist die Marke bedeutsam für das eigene Selbst. Persönliche Werte können durch die Marke ausgedrückt werden und die Markennutzung unterstützt die Erhöhung des eigenen Selbstwertgefühls. Die Interaktion mit dem Händler wird von den Konsumenten als wohlwollend, gleichberechtigt und respektvoll wahrgenommen, in der sie sich persönlich anerkannt und bedeutsam fühlen (*„Sie haben alles für uns getan [...] Der Händler war immer für uns da. Selbst der Inhaber war immer für uns da. Na, dann weiß man's doch.“ Barbara, Z76/128*). Vereinzelte Produktprobleme werden erfolgreich behoben. Sie werden nicht als Wechselgrund wahrgenommen, sondern stärken die Markenbeziehung (*„Anfangs [war ich] schon [enttäuscht], aber dann sah ich wie es behoben wurde und das veränderte mein Gefühl [...] das wurde gut gelöst und war kostenlos.“* David, Z63, Z159-161). Die Konsumenten erleben die Marke bzw. alle Beziehungen innerhalb des Markennetzes während der Konsumentenbeziehung als kongruent und als durchgehend positiv. In ihrer Wahrnehmung sind es ausschließlich persönlich bedingte Gründe wie beispielsweise Veränderungen der persönlichen Lebenssituation (eine *„größere Familie“,* John, Z153) oder finanzielle Restriktionen, die zum Beziehungsende führen.

Bei den trennungsbezogenen Reaktionen in der Post-Trennungsphase stellt das Segment der „Freunde“ in ihren Accounts die eigene Verantwortung in den Vordergrund (*„Nein, sie [Marke A] haben ja nicht meine Kinder gemacht [lacht].“* John, Z231). Es werden kognitive Copingstrategien verwendet, mit denen das Ende der Beziehung bewältigt wird. Persönliche Restriktionen werden beispielsweise rationalisiert oder umbewertet. Das Ende der Beziehung wird versachlicht oder positive Aspekte des Beziehungsendes werden in den Vordergrund gerückt. Das Beziehungsende wird nicht als eigenes Versagen erlebt und ist damit für den Konsumenten selbst und Dritte akzeptabel. Entsprechend der Wahrnehmung, dass persönliche Gründe das Ende der Beziehung bedingt haben, werden auch Schwierigkeiten mit dem Händler bei den Preisverhandlungen nicht als ablehnende Reaktion interpretiert.

Tabelle 25: Häufigkeiten des Konsumentensegments „Freunde“

„Freunde“

	Kategorien			
Markennutzen	**hoch (13/18)**[1)]	niedrig (5/18)		
Kritisches Ereignis	**Konsumenten-bezogene Ursache (17/18)**	Beziehungsbezogene Ursache (Service-interaktion) (0/18)	Beziehungsbezogene Ursache Kernfehler (0/18)	Konsumenten- & beziehungsbezogene Ursache (1/18)
Account making	**selbst verantwortlich (18/18)**	Marke (0/18)	Händler (0/18)	
Kognitives Coping	kein kognitives Coping (5/18)	**Rationalisierung (13/18)**	Spaltung (0/18)	
Emotionales Coping	**kein emotionales Coping (18/18)**	emotionales Coping (0/18)		
Markenbindung	leidenschaftlich (2/18)	**freundschaftlich (16/18)**	distanziert (0/18)	negativ/sehr negativ (0/18)
Soziale Identität	**bisherige Marke (11/18)**	jetzige Marke für Identifikation unwichtig (5/18)	neue Marke (2/18)	
Marken-kommunikation	**positiv (16/18)**	ambivalent (2/18)	negativ (0/18)	
Markenkontakt	**Kontakt (15/18)**	keinen Kontakt (3/18)		
Wiederkaufs-intention	ja (9/18)	nein (9/18)		

1) Modalwert hervorgehoben

Quelle: Eigene Darstellung

Auch hier wird Rationalisierung verwendet, indem die Händler- oder Unternehmensperspektive eingenommen wird („*Man kann nicht einfach die Preisstrategie für einen Konsumenten ändern. Da bin ich realistisch.“ Louis, Z98)* und dem Händler ein wohlwollendes Verhalten unterstellt („*Ich bin sicher, er hat getan, was in seiner Macht stand, um mich als Kunden zu behalten.“ Louis, Z102*). Entsprechend der eigenen Verantwortung für das Beziehungsende fehlen destruktive und vergeltungsbezogene Bewältigungsreaktionen der Marke gegenüber und es wird kein emotionales Coping angewendet.

Bei den beziehungsbezogenen Reaktionen in der Post-Trennungsphase wird das Ende der Beziehung nicht als Verlust wahrgenommen. Mit der selbstgewählten Entscheidung, die Beziehung zu beenden, und der einhergehenden Versachlichung des Beziehungsendes (Rationalisierung) bleibt eine positive Erinnerung an die Marke bestehen („*Wir beide fanden es toll, in dem Auto zu fahren.“* John, Z239), ohne dass die Konsumenten unter dem Ende der Beziehung leiden oder sich wehmütig über das Beziehungsende äußern. Es zeigt sich eine bestehende positive Bindung der Marke gegenüber („*Ich finde es immer noch ein wunderschönes Auto.*“ Helen, Z74). Die Identifikation mit der Marke besteht auch in der Post-Trennungsphase vorerst fort („*Marke A ist meine Automarke.“ Michael, Z57*). Im Gegensatz zu einer erwarteten Reduktion der Nachkaufdissonanz (Bänsch 2002) und damit einhergehend einer Aufwertung der neuen Marke werden im Gegenteil die Vorteile der bisherigen Marke in den Vordergrund gestellt („*Ich denke, dass Marke A viel solider ist als Marke X_5. Das ist nur ein Gefühl. Marke A hat diese kleinen Dinge, die viel einfacher in der Handhabung sind, bei Marke X_5 ist das alles etwas komplizierter.“ Harry, Z119-125*). Im Einklang mit der positiven Markenbindung und der Identifikation ist eine positive Kommunikation über die Marke („*Sie sind aus gutem Grund etwas teurer, sie haben einfach dieses etwas Besondere. [...] Setzen Sie sich einfach mal in das Auto und sehen, wie es auf der Straße liegt – und die verwendeten Materialien, das ist einfach fantastisch.“ Charles, Z106-108*). Es besteht ein Interesse an der Entwicklung der Marke. Die ehemaligen Konsumenten halten Kontakt zur Marke, indem sie sich weiter über die Markenentwicklung informieren („*Wenn etwas im Fernsehen ist oder in der Zeitung steht, dann nehme ich das mit mehr Interesse wahr als bei anderen Marken.“ John, Z40).*

Bedingt durch die persönlichen Umstände der Konsumenten des Segments „Freunde“ ist die Wiederkaufsintention uneinheitlich. Das Beziehungsende wird entweder als zeitlich begrenzte Unterbrechung wahrgenommen oder als finales Ende. Während einige Konsumenten die Beziehung möglichst bald wieder fortführen (*„Wenn ich noch mal das Geld habe, dann gebe ich Marke X_6 sehr, sehr schnell weg. Hätte ich heute Abend das Geld, ich würde ihn [Marke A] sofort kaufen.“* Howard, Z91), wird die Konsumentenbeziehung von anderen als positive, aber abgeschlossene Beziehung wahrgenommen.

6.3.2 Konsumentensegment II: „Sehnsüchtige“

Das Segment „Sehnsüchtige“ stellt bei den Befragten mit 19% (n=8) die drittgrößte Gruppe dar. Sie zeigen nach dem Ende der Beziehung hohe Werte auf der Dimension „trennungsbezogene Reaktionen“ und hohe Werte auf der Dimension „beziehungsbezogene Reaktionen“. Sie geben der Marke in der Post-Trennungsphase die Schuld für das Beziehungsende. Um die unfreiwillige Trennung sowie die erfahrene Ablehnung durch die Marke zu bewältigen, zeigen sie markenschädigende Bewältigungsreaktionen. Gleichzeitig besitzen sie noch eine hohe Markenbindung. Tabelle 26 gibt einen Überblick aller Häufigkeiten für die einzelnen Konstrukte der Post-Trennungsphase sowie der vorangegangenen Beziehungsphase.

Während der Markenbeziehung zeigen sie ein hohes Maß an Bindung und Emotionen der Marke gegenüber (*„Ja, ...also gut, mein Herz hat immer für Marke A geschlagen [kichert].“* Carl, Z58; *„Ich war doch immer verliebt in die Marke.“* William, Z30). Vergleichbar mit einer Ehe sind die Konsumenten der Marke mehrere Jahrzehnte treu *(„Ich bin 40 Jahre lang Marke A gefahren.“ Carl, Z212).* Die Markennutzung unterstützt das eigene Selbstwertgefühl und die Konsumenten äußern, dass sie sich wie ein *„Fürst“* (Carl, Z258) gefühlt haben.

Das Ende der Konsumentenbeziehung entsteht durch Schwierigkeiten in der Serviceinteraktion. Bedingt durch äußere Veränderungen kommt es beispielsweise zu neuen Beziehungspartnern, die keine Anerkennung zeigen (z.B. neuer Nachfolger des bisherigen Händlers) oder zu neuen Beziehungskonditionen (z.B. Preisverhandlungen in der Wiederkaufssituation werden anders geführt), die der Konsument als unerwartet erlebt. Die Konsumenten erleben fehlende Aufmerksamkeit oder abwertendes Verhalten in der Wiederkaufssituation.

Die Marke verhält sich damit dem Konsumenten paradox gegenüber. Die Markennutzung wird als selbstwertstärkend wahrgenommen.

Tabelle 26: Häufigkeiten des Konsumentensegments „Sehnsüchtige"

„Sehnsüchtige"

	Kategorien			
Markennutzen	**hoch (7/8)**[1]	niedrig (1/8)		
Kritisches Ereignis	Konsumenten-bezogene Ursache (0/8)	**Beziehungsbezogene Ursache (Service-interaktion) (7/8)**	Beziehungsbezogene Ursache (Kernfehler)(1/8)	Konsumenten- & beziehungsbezogene Ursache (0/8)
Account making	selbst verantwortlich (0/8)	Marke (0/8)	**Händler (8/8)**	
Kognitives Coping	kein kognitives Coping (1/8)	Rationalisierung (0/8)	**Spaltung (7/8)**	
Emotionales Coping	kein emotionales Coping (2/8)	**emotionales Coping (6/8)**		
Markenbindung	**leidenschaftlich (4/8)**	freundschaftlich (4/8)	distanziert (0/8)	negativ/sehr negativ (0/8)
Soziale Identität	**bisherige Marke (5/8)**	jetzige Marke für Identifikation unwichtig (2/8)	neue Marke (1/8)	
Marken-kommunikation	positiv (3/8)	**ambivalent (5/8)**	negativ (0/8)	
Markenkontakt	**Kontakt (7/8)**	keinen Kontakt (1/8)		
Wiederkaufs-intention	**ja (5/8)**	nein (3/8)		

1) Modalwert hervorgehoben

Quelle: Eigene Darstellung

Der Händler verhält sich dagegen in der Serviceinteraktion durch seine fehlende Anerkennung und Wertschätzung selbstwertbedrohlich, was von den Konsumenten als Grund für das Beziehungsende wahrgenommen wird. Das Ende der Beziehung ist damit unfreiwillig.

In der Post-Trennungsphase zeigt das Segment „Sehnsüchtige" im Gegensatz zum Segment „Freunde" kaum kognitive Bewältigungsstrategien, bei denen das eigene Verhalten oder das Verhalten der Marke umbewertet oder rationalisiert wird und der Verlust der Beziehung leichter bewältigt werden kann. Sie bewältigen lediglich das paradoxe Markenverhalten, indem sie die Marke nicht als Ganzes wahrnehmen, sondern in gute und böse Teile aufgespalten.

Dabei bleibt die Markenbeziehung intakt und der Händler verkörpert die „bösen Anteile" der Marke. Die erfahrene Ablehnung und fehlende Wertschätzung ihrer jahrzehntelangen Treue wird bewältigt, indem emotionale Copingstrategien verwendet werden. Das Segment „Sehnsüchtige" sucht sich emotionale Unterstützung und nutzt gleichzeitig Strategien der Vergeltung, indem sie die Marke, Konsumenten dieser Marke oder das Produkt entwerten.

Entsprechend der Spaltung der Marke in gute und böse Markenanteile wird bei dem Account Making der Händler für das Ende der Beziehung verantwortlich gemacht (*„Das war der Verkäufer."* Fred, 217). Obwohl Unsicherheit darüber besteht, wer für das Ende der Beziehung verantwortlich ist, wird die Markenbeziehung intakt gelassen und sie als nicht verantwortlich für das Markenende gesehen.

> Ich weiß nicht, wie das zusammenhängt. Auf der einen Seite [denke ich] schon [, dass sie es wissen], auf der anderen Seite sag ich, sie wissen da nichts von. Aber ich meine, ich denke nicht, dass sie wissen, dass sich da in Assen eine Person nicht mit dem örtlichen Händler einigen kann. (Fred, Z211)

Gleichzeitig zeigt sich bei den Konsumenten das Bedürfnis nach verspäteter Anerkennung, bei der die ungleiche Machtbeziehung durch eine Entschuldigung in ein Gleichgewicht mit gegenseitigem Interesse gebracht wird. Beispielsweise äußert Fred, dass er sich noch heute über eine Entschuldigung freuen würde.

> Das würde ich ihnen hoch anrechnen [...] Dann wüsste ich, dass sie auch an mir interessiert sind und sich bemühen, dass ihre Kunden wieder die gleiche Marke fahren. (Fred, Z255-257)

Die hohe Markenbedeutung und die positive Markenbeziehung setzen sich auch nach dem Ende der Beziehung fort. Mit dem unfreiwilligen Ende der Beziehung geht Leid über den Verlust der Beziehung einher. Während Konsumenten des Segments „Freunde" positive Erinnerungen an die Marke haben, aber unter dem Ende der Beziehung nicht leiden, vermissen Konsumenten des Segments „Sehnsüchtige" die Marke und äußern sich wehmütig oder sehnsüchtig. Carl sagt, dass er *„Heimweh"* (Z64) nach Marke A hat und Fred stellt bedauernd fest: *„Das Einzige ist, dass es nun vorbei ist"* (Z59). Auch Frank äußert: *„Ich bin mit diesem zufrieden, obwohl daran etwas fehlt: Es ist nicht Marke A"* (Z254). Einhergehend mit der hohen Markenbindung, wird ebenfalls die Identifizierung mit der Marke auch in der Post-Trennungsphase fortgeführt. In ihren Äußerungen stellen die Konsumenten dabei häufig die bisherigen Markenbeziehung über die jetzige (*„Marke A ist das beste Auto, das ich je hatte und immer noch besser als jedes andere Auto"* Frank, Z217).

In der Post-Trennungsphase reagieren die Konsumenten auf das erfahrene paradoxe Markenverhalten, indem neben leidenschaftlicher Markenbindung auch emotionales Coping stattfindet. Bei diesem soll durch Abwertung Vergeltung erreicht werden. Ähnlich zeigt sich dieses Verhalten auch in der sachbezogenen Kommunikation über die Marke. Dabei stehen markenerhöhende Äußerungen neben markenkritischen Äußerungen. Trotz dieser ambivalenten Kommunikation bleibt der Kontakt zur Marke durch fortgeführte Informationssuche oder fortgesetzten Händlerkontakt bestehen.

Im Einklang mit der hohen bestehenden Bindung zeigt die Mehrzahl der Befragten ein hohes Interesse an einer Fortsetzung der Beziehung (*„Ich denke doch, dass ich [...] wieder auf Marke A umsteige."* William, Z34).

6.3.3 Konsumentensegment III: „Feindselige"

Das Segment „Feindselige" stellt bei den Befragten mit 28% (n=12) die zweitgrößte Gruppe dar (vgl. Tabelle 27). Auf den Dimensionen der CatPCA zeigen sie nach dem Ende der Beziehung niedrige Werte auf der Dimension 1 (beziehungsbezogene Reaktionen) und hohe Werte auf der Dimension 2 (trennungsbezogene Reaktionen). Das bedeutet, in der Post-Trennungsphase gehen negative Beziehungsreaktionen mit markenschädigenden Bewältigungsreaktionen einher.

Die Konsumentenbeziehung ist geprägt durch schwerwiegende, nicht nachhaltig gelöste oder viele kleine Kernfehler, bei denen die Konsumenten vielfach zusätzlich Zeit und Geld investieren müssen. Damit erleben die Konsumenten während der Konsumentenbeziehung auf mehreren Gerechtigkeitsebenen ein Ungleichgewicht zu ihren Lasten. Während für die eine Hälfte dieser Gruppe diese Erfahrung ausreichend ist, um die Beziehung zu beenden, zeigt die andere Hälfte der „Feindseligen" eine partnerschaftliche Beziehungseinstellung, d.h. eine „communal relationship" (Aggarwal 2004). Trotz erfahrener Kernprobleme besteht bei den Konsumenten die Bereitschaft, die Beziehung fortzusetzen. Dies in der Erwartung, dass die Wiedergutmachung zu einem späteren Zeitpunkt erfolgt und Wohlwollen sowie langfristige Fairness im Mittelpunkt der beiderseitigen Beziehung stehen. Die Konsumenten sind bereit, auf sofortige Kompensation zu verzichten („[...] *ich habe da [während der Kundenbeziehung] keine Probleme gemacht.*" Harold Z278) in der Erwartung, dass es langfristig zu einem Ausgleich (z.B. durch ein besseres Rücknahmeangebot) kommt. Die Beziehung endet mit der Erfahrung, dass Wohlwollen und eine „communal relationship" nur einseitig vorhanden sind und eine Wiedergutmachung auch zu einem späteren Zeitpunkt nicht stattfindet.

> Als ich das Auto eintauschen wollte, hätten sie zu mir sagen müssen: ‚Sie haben schon so viele Probleme mit Ihrem Auto gehabt, das gefällt uns auch nicht. Wir bieten Ihnen einen guten Rücknahmepreis für Ihren Wagen, wenn Sie sich einen neuen anschaffen.' Aber dann nicht auch noch 3.000,- Euro weniger als ein anderer bieten. (Ronald, Z234)

In der Post-Trennungsphase wird emotionales Coping als Strategie zur Bewältigung des Erlebten und als Mittel der Vergeltung (Gregoire und Fisher 2008) verwendet. Damit wird die Wiederherstellung von Gerechtigkeit unterstützt (Miller 2001). Die Marke wird öffentlich entwertet und im Rahmen des Account making als Betrüger dargestellt, während der Konsument sich als Geschädigter nicht legitimer Markenhandlungen darstellt. Bei einigen Konsumenten ist das Bedürfnis nach Vergeltung so intensiv, dass sie selbst nach über zwei Jahren aktiv versuchen, Dritte vom Kauf der Marke abzuhalten (*„Auch einigen Verwandten von mir, ich wusste dass die bei dem gleichen Händler ein Auto kaufen wollten, denen habe ich abgeraten." James, Z91*).

Tabelle 27: Häufigkeiten des Konsumentensegments „Feindselige"

„Feindselige"

	Kategorien			
Markennutzen	**hoch (7/12)**[1]	niedrig (5/12)		
Kritisches Ereignis	Konsumenten-bezogene Ursache (0/12)	Beziehungsbezogene Ursache (Service-interaktion) (4/12)	**Beziehungsbezogene Ursache (Kernfehler)(8/12)**	Konsumenten- & beziehungsbezogene Ursache (0/12)
Account making	selbst verantwortlich (1/12)	**Marke (9/12)**	Händler (2/12)	
Kognitives Coping	**kein kognitives Coping (8/12)**	Rationalisierung (4/12)	Spaltung (0/12)	
Emotionales Coping	kein emotionales Coping (2/12)	**emotionales Coping (10/12)**		
Markenbindung	leidenschaftlich (0/12)	freundschaftlich (0/12)	distanziert (3/12)	**negativ/ sehr negativ (9/12)**
Soziale Identität	bisherige Marke (1/12)	jetzige Marke für Identi-fikation unwichtig (5/12)	**neue Marke (6/12)**	
Marken-kommunikation	positiv (0/12)	ambivalent (2/12)	**negativ (10/12)**	
Markenkontakt	Kontakt (1/12)	**keinen Kontakt (11/12)**		
Wiederkaufs-intention	ja (0/12)	**nein (12/12)**		

1) Modalwert hervorgehoben

Quelle: Eigene Darstellung

Die Post-Trennungsphase besteht aus einer negativen Markenbindung, geprägt durch fortbestehenden Ärger und negativen Emotionen. Einhergehend mit dieser negativen Bindung findet eine aktive Abgrenzung zur bisherigen Markenbeziehung statt und die neue Markenbeziehung wird in den Vordergrund gestellt.

Im Gegensatz zu den anderen Gruppen äußern die „Feindseligen", dass die bisherige Marke nicht zu ihnen passt und die neue Marke viel besser zu ihnen passt. Dies wird noch verstärkt, indem sie Dritte zitieren, die sie in dieser Einstellung unterstützen wie das Beispiel von James zeigt:

> Das ganze Produkt Marke A passt nicht zu mir. [...] Es hat etwas zu tun mit Arroganz und Kundenfreundlichkeit. Das Auto passt nicht zu mir. Ich fühl mich einfach nicht wohl in Marke A. (James,)...[ich] bekomme nun immer zu hören, was für ein schönes Auto Marke X_2 ist und mit Marke A höre ich nur: ‚Poah, da kommt schon wieder so ein Auto.' (James, Z30-35, Z250)

Entsprechend der negativen Beziehungseinstellung ist die sachbezogene Kommunikation negativ. Der Kontakt zur Marke sowie die Beziehung sind endgültig beendet und es besteht kein Interesse an einer Fortführung der Beziehung.

6.3.4 Konsumentensegment IV: „Distanzierte"

Das Segment „Distanzierte" stellt bei den Befragten mit 12% (n=5) die kleinste Gruppe dar (vgl. Tabelle 28). Auf den beiden Dimensionen der CatPCA zeigen sie nach dem Ende der Beziehung niedrige Werte. Das bedeutet, dass bei Konsumenten des Segments „Distanzierte" positive Beziehungsreaktionen in der Post-Trennungsphase fehlen. Gleichzeitig zeigen sie kaum markenschädigende Bewältigungsreaktionen.

Vergleichbar mit den beiden zuvor genannten Gruppen ist die Kundenbeziehung gekennzeichnet durch Kernfehler oder Schwierigkeiten in der Serviceinteraktion. In der subjektiven Wahrnehmung werden neben diesen unternehmensbedingten kritischen Ereignissen zusätzlich persönliche Gründe als Ursache für das Ende der Beziehung gesehen. Betty hat Probleme mit den Achsen, die erst nach zwei Jahren behoben werden (*„Es war so ein Geräusch, von dem man hofft, dass sie es einfach abstellen können." Betty, Z176*). Zusätzlich sieht sie finanzielle Restriktionen (*„der teure Preis eines neueren Modells A"*, Betty, Z245). In der Post-Trennungsphase wird das Ende der Beziehung als eigene Entscheidung wahrgenommen. Während andere Segmente bei unternehmensbedingten Fehlern der Marke oder dem Händler die Schuld für das Beziehungsende geben, betonen Konsumenten des Segments „Distanzierte" ihre eigene Verantwortung. Die freie Entscheidung und damit einhergehend die Kontrolle über das Ende der Beziehung wird dadurch erhöht und die erlebten unternehmensbedingten Fehler werden nicht als selbstwertrelevant wahrgenommen. Während das Segment „Sehnsüchtige" die Serviceinteraktion als selbstwertbedrohliche Ablehnung wahrnimmt, stellt das Segment „Distanzierte" persönliche Gründe für das Beziehungsende in den Vordergrund. Die Ablehnung durch den Händler wird von ihnen nicht als selbstwertbedrohlich erlebt. Entsprechend wird im Gegensatz zu dem Segment „Sehnsüchtige" das Ende der Beziehung auch nicht als Verlust empfunden.

Es werden hauptsächlich Copingstrategien wie Rationalisierung oder Umbewertung verwendet, bei denen die Situation versachlicht wird (*„Ich habe keine Emotionen mit Autos." Brian, Z70* und später *„Es ist nur ein Transportmittel." Brian, Z94*).

Tabelle 28: Häufigkeiten des Konsumentensegments „Distanzierte"

„Distanzierte"				
	Kategorien			
Markennutzen	**hoch (3/5)**[1)]	niedrig (2/5)		
Kritisches Ereignis	Konsumenten-bezogene Ursache (1/5)	Beziehungsbezogene Ursache (Service-interaktion) (0/5)	Beziehungsbezogene Ursache (Kernfehler) (0/5)	**Konsumenten- & beziehungsbezogene Ursache (4/5)**
Account making	**selbst verantwortlich (5/5)**	Marke (0/5)	Händler (0/5)	
Kognitives Coping	kein kognitives Coping (0/5)	**Rationalisierung (5/5)**	Spaltung (0/5)	
Emotionales Coping	**kein emotionales Coping (5/5)**	emotionales Coping (0/5)		

„Distanzierte“

	Kategorien			
Markenbindung	leidenschaftlich (0/5)	freundschaftlich (0/5)	**distanziert (4/5)**	negativ/sehr negativ (1/5)
Soziale Identität	bisherige Marke (0/5)	**jetzige Marke für Identifikation unwichtig (4/5)**	neue Marke (1/5)	
Marken-kommunikation	positiv (0/5)	**ambivalent (4/5)**	negativ (1/5)	
Markenkontakt	Kontakt (1/5)	**keinen Kontakt (4/5)**		
Wiederkaufs-intention	ja (0/5)	**nein (5/5)**		

1) Modalwert hervorgehoben

Quelle: Eigene Darstellung

Mit dieser Strategie wird die erfahrene Ungerechtigkeit durch zusätzlichen Aufwand von Produktproblemen oder die fehlende Wertschätzung durch zufriedenstellende Wiederkaufsverhandlungen nicht selbstwertrelevant. Entsprechend zeigen Konsumenten des Segments „Distanzierte“ keine sichtbaren Zeichen von emotionalem Coping, bei der die Marke oder andere Konsumenten abgewertet werden. Sie geben sich im Gegensatz zu den beiden Gruppen, die hohe Werte bei den Bewältigungsstrategien haben, betont sachlich. Auf die Frage, welchen Rat er anderen über diese Marke geben würde, sagt Gerald:

> Ich kann keinen Rat geben, da ich selbst gewechselt habe. Aber das bedeutet nicht, dass ich es schlecht machen muss. Das ist nicht mein Stil. (Gerald, Z65)

Während Konsumenten des Segments „Freunde“ ebenfalls aus persönlichen Gründen gehen, der Marke gegenüber in der Post-Trennungsphase positive beziehungsbezogene Reaktionen zeigen, ist hier das beziehungsbezogene Verhalten als Reaktion auf die erlebten unternehmensbedingten Fehler zu sehen.

In der Post-Trennungsphase werden kaum aktive negative Emotionen wie bestehender Ärger oder Wut gezeigt. Konsumenten des Segmentes „Distanzierte“ sind in ihren Äußerungen nüchtern und unbeteiligt. Neben der Versachlichung der Ereignisse und der inneren Distanzierung zeigt sich auch in der Bindung der Marke gegenüber eine Distanzierung. Die Markenbindung ist distanziert und die Mehrheit der Befragten macht deutlich, dass sie mit keiner Marke verbunden ist (*„Ich bin an keine Marke gebunden. Das ist mir nicht wichtig." Brian, Z226; „Ich bin mit nichts und niemandem verheiratet, außer mit meiner Frau." Gerald, Z229*). Damit betonen sie ihre Unabhängigkeit und reduzieren die Bedeutung der Marke für das eigene Selbst. Diese Unabhängigkeit äußern sie auch, wenn es um die Identifizierung mit der Marke geht. Konsumenten des Segmentes „Distanzierte" machen deutlich, dass sie sich nach dem Beziehungsende nicht mehr mit der Marke identifizieren. Dies zeigt sich auch in den Äußerungen von Brian, der die Marke mit einer Gruppe assoziiert, der er sich nicht zugehörig fühlt, obwohl er zuvor schon mehrfach die Marke gekauft hat:

> Schauen Sie, wäre ich Inhaber einer Firma mit 20 Angestellten, der die ganze Woche durch Europa reisen muss, dann würde ich auf alle Fälle Marke A kaufen. Aber ich bin kein Firmeninhaber, also brauche ich keinen. (Brian, Z204-206)

Entsprechend ihrer bisherigen Erfahrung ist die Kommunikation über die Marke und den Händler eher ambivalent (*„Es ist nicht so, dass ich wirklich Werbung mache für Marke A. Es war ein gutes Auto, aber mehr auch nicht." Betty, Z113*). Nach ihrer Produkterfahrung haben sie mit der Markenbeziehung abgeschlossen und im Gegensatz zu den beiden Gruppen mit einer hohen Bindung kein Interesse mehr an der Marke und der Markenentwicklung (*„Ich habe absolut keine Nähe und ich habe absolut kein Interesse mehr." Gerald, Z63*). Ähnlich gestaltet sich bei dieser Gruppe auch die Wiederkaufsintention. In ihrer sachlichen Art schließen sie es nicht endgültig aus, jemals die Marke wieder zu fahren, sie sind jedoch sehr ablehnend einer Fortsetzung der Markenbeziehung gegenüber.

6.4 Zusammenhänge zwischen den Phasen des Modells

Zur quantitativen Untersuchung des Zusammenhangs zwischen den Beziehungsphasen wurde die exakte logistische Regression (ELR) genutzt (Hirji, Mehta und Patel 1987; Mehta und Patel 1995). Mit der ELR können im Gegensatz zur linearen

Regression nicht nur Vorhersagen für intervallskalierte Variablen, sondern auch für kategoriale (binäre) Variablen gemacht werden. Die ELR ist dabei – anders als die logistische Regression – besonders für kleine Datensätze geeignet, da sie nicht auf der Maximum-Likelihood Schätzung, sondern auf der bedingten Maximum-Likelihood Schätzung basiert. Für die Untersuchung der Zusammenhänge wurden Variablen verwendet, die nicht für die Identifikation der Konsumentensegmente genutzt wurden, so dass eine „externale Validierung" der entwickelten Segmente möglich ist (Dant und Gundlach 1998).

Für die Überprüfung des Zusammenhangs zwischen I) der Phase des Rückgangs und der Post-Trennungsphase wurden das kritische Ereignis als unabhängige Variable und die Vier-Clusterlösung als abhängige Variable verwendet. Für die Überprüfung des Zusammenhangs zwischen II) der Post-Trennungsphase und der Phase der Revitalisierung wurden die Vier-Clusterlösung als unabhängige Variable und die Wiederkaufsintention als abhängige Variable verwendet.

I) Zusammenhang zwischen der Phase des Rückgangs und der Post-Trennungsphase:

Für die Überprüfung des Zusammenhangs zwischen den beiden Phasen wurden die einzelnen Segmente im Vergleich zur restlichen Stichprobe überprüft. Dabei ist es das Ziel zu überprüfen, ob anhand eines kritischen Ereignisses eine Zuordnung zu einem Segment im Vergleich zur restlichen Stichprobe möglich ist. Tabelle29 zeigt, dass sich die Segmente anhand des kritischen Ereignisses vorhersagen lassen. Die Nullhypothese, dass die Prädiktoren keinen Einfluss haben (H0: β1 = β2 = β3 = 0, in der Tabelle als „joint option" bezeichnet) kann damit abgelehnt werden.

Tabelle 29: Zusammenhang zwischen Segmenten und kritischem Ereignis

	Variable[a)]	Koeffizient[d)]	p-Wert	Odd-Ratio[d)]	95% Konfidenzintervall	
"Freunde"	joint[b)]		**0,000**			
	persönliche Gründe	4,932	0,000	138,661	1,374	+ Inf.
	Servicefehler	0,080	0,480	1,083	-4,762	+ Inf.
"Sehnsüchtige"	joint[c)]		**0,000**			
	Servicefehler	3,511	0,000	33,480	-0,526	+ Inf.
	Kernfehler	0,894	0,290	2,444	-4,474	+ Inf.
"Feindselige"	joint[c)]		**0,000**			
	Servicefehler	2,525	0,011	12,491	-1,572	+ Inf.
	Kernfehler	4,696	0,000	109,555	0,5640	+ Inf.
"Distanzierte" [e)]	joint		**0,000**			
	persönliche Gründe	-3,715	0,001	0,024	- Inf.	-1,374
	Servicefehler	-4,015	0,001	0,018	- Inf.	-1,530
	Kernfehler	-3,724	0,001	0,024	- Inf.	1,221

a) Variablen der Berechnung: persönliche Gründe, Servicefehler, Kernfehler, Persönlicher Grund + Unternehmensfehler
b) Verteilung für (Kernfehler I persönliche Gründe) degeneriert
c) Verteilung für persönliche Gründe I Servicefehler) degeneriert
d) Median unverzerrter Schätzer (engl. median unbiased estimates, MUE)
e) Bemerkung: Wird diese Gruppe gegen das Ereignis "Persönlicher Grund + Unternehmensfehler" getestet, ergeben sich folgende Werte: Koeff=1,665 p=0.000 Odd=92,251. Ein Odd-Ratio >1 bedeutet, dass ein bestimmtes kritisches Ereignis in diesem Segment mit einer höheren Wahrscheinlichkeit auftaucht als in der restlichen Stichprobe. Ein Odd-Ratio mit einem Wert <1 bedeutet, dass ein bestimmtes kritisches Ereignis in diesem Segment mit einer geringeren Wahrscheinlichkeit auftaucht als in der restlichen Stichprobe.

Quelle: Eigene Darstellung

Konsumentenbezogene Ursachen ($p < .001$) die Markenbeziehung zu beenden, unterscheiden hauptsächlich das Segment „Freunde“ (Segment 1) von der restlichen Stichprobe. Wie es aus der triangulierten Darstellung der Segmente (vgl. Kapitel 6.3) deutlich wurde, zeichnet sich ein Ende der Markenbeziehung aufgrund persönlicher Gründe durch positive „beziehungsbezogene Reaktionen“ und fehlende negative „trennungsbezogene Reaktionen“ aus. Schwierigkeiten in der Serviceinteraktion ($p < .001$) als kritisches Ereignis unterscheidet dagegen das Segment „Sehnsüchtige“ (Segment 2) von der restlichen Stichprobe. In ihren negativen „trennungsbezogenen Reaktionen“ geben sie dem Händler für das Ende der Markenbeziehung Schuld und zeigen emotionale Bewältigungsstrategien, um die erlebte Ablehnung durch den

Händler zu verarbeiten. Kernfehler (p < .001) in Verbindung mit Schwierigkeiten in der Serviceinteraktion (p < .05) unterscheiden das Segment „Feindselige“ von der restlichen Stichprobe und geben damit eine naheliegende Erklärung für die negativen „beziehungs- und trennungsbezogenen Reaktionen“ in der Post-Trennungsphase.

Konsumenten des Segmentes „Distanzierte“ unterscheiden sich von den anderen Segmenten in der Hinsicht, dass das einzelne Auftreten von konsumentenbezogenen Ursachen (p < .001), Schwierigkeiten in der Serviceinteraktion (p < .001) und Kernfehlern (p < .001) im Vergleich zur restlichen Stichprobe seltener vorkommt (Odd-Ratio < 1). Eine ergänzende Logit-Regression, die das kombinierte Auftreten der Gründe als unabhängige Variable[20] untersucht, zeigt einen hoch signifikanten Koeffizienten von 1.665 für diese Variable mit einem Odd-Wert von 92.25.

II) Zusammenhang zwischen der Post-Trennungsphase und der Phase der Revitalisierung

Die Segmente zeigen ebenfalls Unterschiede hinsichtlich ihrer Wiederkaufsintention in der Phase der Revitalisierung (vgl. Tabelle 30). Dabei unterscheiden sich bis auf zwei Kombinationen („Freunde“ vs. „Sehnsüchtige“ und „Distanzierte“ vs. „Feindselige“) alle Segmente signifikant (p < 0,100). Das bedeutet, dass sich hier eine Unterscheidung entlang der Dimension „beziehungsbezogene Reaktion“ machen lässt. Die beiden Segmente, die noch eine hohe Markenbindung haben und der Marke positiv gegenüber stehen (hohe Werte auf der Dimension „beziehungsbezogene Reaktionen“), zeigen eine hohe Wiederkaufsintention („Freunde“ und „Sehnsüchtige“). Die beiden Segmente, die niedrige Werte auf der Dimension „beziehungsbezogene Reaktionen“ haben, besitzen keine Wiederkaufsintention („Distanzierte“ und „Feindselige“). Der Odd-Ratio liegt dabei zwischen 0,174 und 18,8. Konsumenten der Segmente „Freunde“ und „Sehnsüchtige“ möchten die Beziehung wieder aufnehmen. Der Unterschied zwischen diesen beiden Segmenten ist daher nicht signifikant. Der Unterschied zwischen den Segmenten „Freunde“ und

[20] Diese Kombination findet sich ausschließlich im Segment „Distanzierte“ – bei vier von fünf Befragten.

„Distanzierte“ zeigt, dass das Segment „Freunde“ eine um 17% höhere (p=0,086) Bereitschaft hat, die Beziehung wieder aufzunehmen.

lle 30: Vorhersage der Wiederkaufsintention

	Koeffizient	P-Wert	Odd-Ratio	95% Konfidenzintervall der Odds		95% Konfidenzintervall (Koeffizient)	
"Freunde" vs. "Sehnsüchtige"	0,491	0,683	1,634	0,260	0,740	-1,466	2,628
"Freunde" vs. "Distanzierte"	-1,750	0,085	0,174	0,669	+Inf.	-Inf.	0,087
"Freunde" vs. "Feindselige"	2,658	0,000	0,701	1,899	+Inf.	0,642	+Inf.
"Sehnsüchtige" vs. "Distanzierte"	2,034	0,075	7,645	0,761	+Inf.	-0,273	+Inf.
"Sehnsüchtige" vs. "Feindselige"	2,935	0,036	18,820	2,076	+Inf.	0,731	+Inf.
"Distanzierte" vs. "Feindselige"	degenerate*						

*Die abhängige Variable ist für beide Segmente vollständig Null. Eine Berechnung ist daher nicht möglich.

Quelle: Eigene Darstellung

Im Gegensatz zu dem Segment „Feindselige“ hat das Segment „Freunde“ eine 70% höhere Wahrscheinlichkeit, die Beziehung wieder fortzusetzen. Die Unterschiede zwischen den Segmenten „Sehnsüchtige“ und „Distanzierte“ respektive dem Segment „Feindselige“ zeigen sich noch deutlicher (Faktor 7,6 respektive 18,8). Innerhalb der beiden Segmente „Distanzierte“ und „Feindselige“ möchte keiner der Befragten die Beziehung fortsetzen. Für beide Gruppen existiert für die Berechnung der logistischen Regression daher nur ein Wert. Ein gleicher Wert bei zwei unterschiedlichen Gruppen führt bei der Berechnung der logistischen Regression dazu, dass die Verteilung degeneriert und eine Berechnung nicht möglich ist.

6.5 Modell zu Anpassungsreaktionen in der Post-Trennungsphase

Mit der Methode der Grounded Theory wird die Möglichkeit geboten, nicht nur zugrundeliegende Konstrukte aufzudecken, sondern auch deren Bedingungen und Folgen abzubilden (Corbin und Strauss 1990). Die in den Tiefeninterviews genannten oder implizit aufgezeigten Zusammenhänge wurden genutzt, um ein Modell zu entwickeln, welches die Bedingungen und Folgen der Post-Trennungsphase abbildet (Bergadaa 1990; Egri und Herman 2000). Das Modell beschreibt in vereinfachter Form die Konsumentenreaktionen in der Post-Trennungsphase sowie die Bedingungen, die aus Konsumentensicht zu diesen Reaktionen geführt haben. Das entwickelte Modell hat nicht den Anspruch, alle unterschiedlichen Faktoren darzustellen, welche eine Post-Trennungsphase beeinflussen können. Es beschränkt sich in der Darstellung auf die wesentlichen Konstrukte, die deutlich aus der Analyse der Daten hervorgetreten sind und die das Verständnis der komplexen Reaktionen in der Post-Trennungsphase vertiefen (vgl. Bergadaa 1990).

Der Fokus der vorliegenden Untersuchung hat dabei in Einklang mit der Vorgehensweise für Tiefeninterviews die beobachtbare Verhaltensebene zwischen Marke und Konsument durch eine zugrundeliegende motivationale Ebene ergänzt. Konsumenten interpretieren die gezeigte Verhaltensebene der Marke, wandeln sie in eine Bedeutungsebene um und reagieren auf diese (Aghamanoukjan, Buber und Meyer 2007). Für die Identifikation der Konstrukte wurden die unterschiedlichen Ausprägungen eines einzelnen Konstruktes über alle Interviews hinweg analysiert (horizontale Analyse). Im Gegensatz dazu erfolgt die Identifikation der Zusammenhänge über den Verlauf eines einzelnen Interviews (vertikale Analyse). Für jedes Interview wurde untersucht, in welchem Zusammenhang die Konstrukte stehen. Daraus ergibt sich ein Zusammenhangsmuster für jeden einzelnen Befragten. Aus der Betrachtung der Zusammenhangsmuster aller Befragten resultierte das *„Modell zu Anpassungsreaktionen in der Post-Trennungsphase“* (Abbildung 15).

Innerhalb des Relationship Marketing wird implizit davon ausgegangen, dass mit dem Ende der Markenbeziehung Verhalten, Emotionen und Kognitionen der Konsumenten der Marke gegenüber beendet sind. Das entwickelte theoretische

Modell erklärt und verdeutlicht, dass mit dem Einstellen der Transaktionen und der Nutzung eines Produktes oder einer Dienstleistung die emotionale und kognitive Ebene der Markenbeziehung nicht beendet sind. In dieser Phase finden relevante verhaltensbezogene, emotionale und kognitive Reaktionen statt.

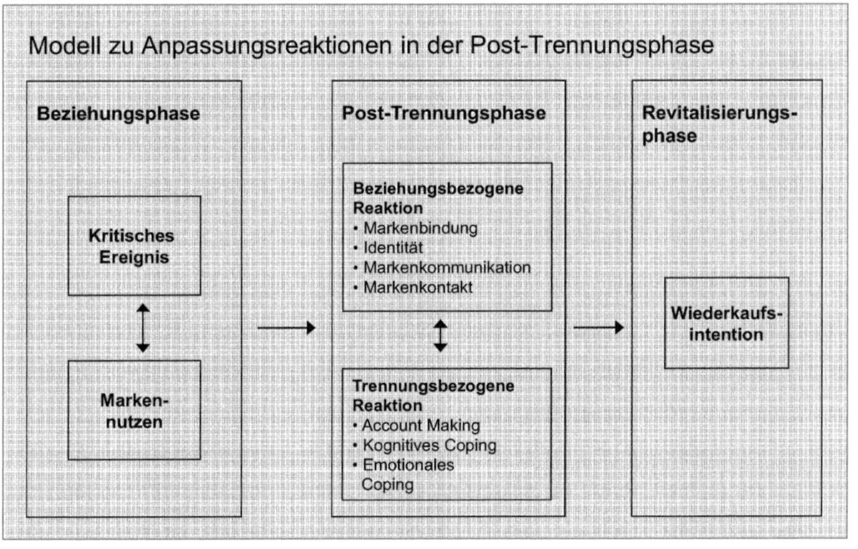

Abbildung 15: „Modell zu Anpassungsreaktionen in der Post-Trennungsphase“

Quelle: Eigene Darstellung

Diese Reaktionen in der Post-Trennungsphase lassen sich in beziehungs- und trennungsbezogene Reaktionen unterscheiden, die in Abhängigkeit von dem kritischen Ereignis und dem Markennutzen[21] in der Beziehungsphase stehen und Folgen für die Wiederkaufsintention in der Revitalisierungsphase haben.

[21] Der Zusammenhang zwischen Markennutzen, kritischem Ereignis und den trennungs- wie auch beziehungsbezogenen Reaktionen wurde in den Tiefeninterviews identifiziert. Eine quantitative post-hoc Überprüfung zwischen dem Zusammenhang der einzelnen Phasen wurde anhand des Zusammenhangs zwischen dem kritischen Ereignis und den identifizierten Segmenten überprüft (vgl. Kapitel 6.4). Eine quantitative Überprüfung des vollständigen Modells steht noch aus (vgl. Kapitel 7.2).

Das vorliegende theoretische Modell baut auf den Grundgedanken des symbolischen Interaktionismus, der allgemeinen Stresstheorie und der sozialen Austauschtheorie auf und integriert die bestehenden Ansätze. Ähnlich wie im symbolischen Interaktionismus und der allgemeinen Stresstheorie postuliert, wird ein vergleichbares Ereignis unterschiedlich interpretiert. Abhängig von der individuellen Konsumenteninterpretation hat es unterschiedliche Konsumentenreaktionen zur Folge. Die fehlende Bereitschaft, über Preise zu verhandeln wurde beispielsweise als Vorgabe einer Markenstrategie und als persönliche abwertende Entscheidung interpretiert. Dies entspricht in der allgemeinen Stresstheorie dem „primary appraisal“. Nicht der Reiz oder die Situation sind für die Stressreaktion von Bedeutung, sondern die individuelle kognitive Bewertung. Während ein Konsument die Situation möglicherweise als irrelevant wahrnimmt, kann ein anderer Konsument die gleiche Situation als potentiell bedrohlich wahrnehmen. In einem zweiten Bewertungsschritt erfolgt ein Abgleich mit den eigenen Ressourcen, aus dem sich ein unterschiedliches subjektives Stresserleben ergibt. Abhängig von der Bewertung und den eigenen Ressourcen kommt es zu unterschiedlich intensiven Bewältigungsformen. Konsumenten verarbeiten das kritische Ereignis beispielsweise kognitiv, indem sie rationalisieren und Kontrolle über die Situation erlangen und sich selbst für das Ende der Beziehung als verantwortlich sehen. Andere Konsumenten sehen sich als Opfer und fühlen sich zu dem Ende der Markenbeziehung gezwungen. Das gleiche kritische Ereignis bewältigen sie, indem sie die Marke für das Ende der Beziehung verantwortlich machen, emotionale Copingstrategien zeigen und negative oder ambivalente Kommunikation über die Marke betreiben.

Der symbolische Interaktionismus bietet als sehr grundlegende Theorie einen Erklärungsansatz, weshalb ein identisches Ereignis zu unterschiedlichen sichtbaren Reaktionen führt. Der symbolische Interaktionismus hat nicht das Ziel, konkrete Vorhersagen zu spezifischen Ereignissen zu machen. Die allgemeine Stresstheorie ist in ihrem Ansatz spezifischer, da sie erklärt, unter welchen Bedingungen Stressreaktionen zu erwarten sind und welche Form sie abhängig von der ersten und zweiten Bewertung annehmen können. Die allgemeine Stresstheorie erklärt das Zustandekommen von Stress. Sie erklärt, weshalb eine Beziehung unter der Bedingung von Stress beendet wird. Sie erklärt dagegen nicht, weshalb beispielsweise eine gute Beziehung beendet wird. Dieser Aspekt lässt sich mit der vielfach verwendeten Sozialen Austauschtheorie erklären. Im Vergleich zwischen aktueller Beziehung und den verfügbaren Alternativen erfolgt eine Bewertung, ob es sinnvoller ist, die Beziehung fortzuführen, sie zu beenden oder sie nach dem Ende wieder aufzunehmen. Dabei kann eine bessere Alternative dazu führen, dass eine gute Beziehung beendet wird.

Es wird deutlich, dass die genannten Theorien jeweils nur einen Ausschnitt der bestehenden Konsumentenreaktionen erklären. Erst das Zusammenspiel der Theorien wie sie im vorliegenden Modell vereint sind, ermöglicht ein umfassenderes Bild möglicher Konsumentenreaktionen.

Im Einklang mit den vorgenannten Theorien lassen sich die Reaktionen auf der Dimension der trennungsbezogenen Reaktionen in die Bewältigungsreaktionen der allgemeinen Stresstheorie einordnen. Dagegen finden sich die positiven beziehungsbezogenen Reaktionen dort nicht wieder. Sie können als Ergänzung zur bestehenden Sozialen Austauschtheorie gesehen werden. Der Fokus der Sozialen Austauschtheorie liegt auf der Erklärung eines Beziehungswechsels. Die Reaktionen der bisherigen Beziehung gegenüber werden nicht betrachtet. In dem vorliegenden theoretischen Modell folgen auf kritische Ereignisse, die zu einem Wechsel im Sinne der Sozialen Austauschtheorie führen (z.B. persönliche Gründe), eher positive beziehungsbezogene Reaktionen.

Das vorliegende theoretische Modell ergänzt die Theoriestränge, indem widersprüchliche Konsumentenreaktionen in der Post-Trennungsphase erklärt werden können, die bisher weder ausschließlich durch die Stresstheorie noch durch die Soziale Austauschtheorie erklärt werden konnten.

Die Einbettung der Marke in ein größeres Netzwerk an komplexen Beziehungen erklärt, weshalb Konsumenten mit einer Marke gleichzeitig positive, selbstwertstärkende und negative, selbstwertbedrohliche Beziehungen haben können. Während die Marken- und Produktbeziehung beispielsweise positive Erfahrungen ermöglichen und bei dem Kunden zu einem fortbestehenden hohen Markennutzen führen, kann die Servicebeziehung durch Schwierigkeiten mit dem Vertragshändler zu einer negativen Beziehung führen.

Während einige Kunden die einzelnen Beziehungen als getrennt wahrnehmen, erleben andere Kunden diese Beziehungen als Teil einer zusammengehörigen Markenbeziehung. Entsprechend wird das Verhalten der Marke als widersprüchlich wahrgenommen. In der Folge reagieren Konsumenten ebenfalls mit widersprüchlichem oder paradoxem Verhalten in der Post-Trennungsphase. Während angenommen wird, dass der wahrgenommene Nutzen zu markenstärkenden Reaktionen führt (z.B. bestehende Identifikation mit der Marke, Kontakt zur Marke, Markenbindung), führen die Bewältigungsstrategien, die aus dem wahrgenommenen Stress resultieren, zu markenschädigendem Verhalten. Das theoretische Modell verdeutlicht damit, dass Konsumentenreaktionen nicht nur aus kongruentem Verhalten bestehen, wie es Theorien der allgemeinen Stresstheorie oder Theorien zur Sozialen Austauschtheorie nahelegen, sondern dass das Zusammenspiel widersprüchlicher Ereignisse zu komplexen Reaktionen führt.

Vereinfacht bilden die vier identifizierten Segmente die unterschiedlichen Reaktionsweisen von Konsumenten ab, die sich aus dem vorliegenden Modell wiederfinden lassen. Die Segmente der „Freunde“ und der „Feindseligen“ stellen das gleichgerichtete positive oder negative Verhalten dar. Konsumenten des Segments „Freunde“ haben in ihrer Wahrnehmung die Marke während der Markenbeziehung als positiv und selbstwertstärkend erlebt und zeigen nach dem Ende der Markenbeziehung markenstärkende Reaktionen. Entsprechend zeigen sie ein Muster gleichgerichteter positiver Interaktion. Konsumenten des Segments „Feindselige“ erleben die Marke während der Markenbeziehung als überwiegend negativ. Entsprechend zeigen diese Konsumenten ein Muster von gleichgerichteten negativen Reaktionen, bei dem sie markenschädigende Reaktionen in der Post-Trennungsphase zeigen.

Ergänzend zeigen Konsumenten des Segments „Sehnsüchtige“ paradoxe und widersprüchliche Reaktionen in der Post-Trennungsphase. Markenstärkende Reaktionen wie beispielsweise eine bestehende Markenbindung oder Identifikation mit der Marke gehen mit markenschädigenden Bewältigungsstrategien einher. Das vierte Muster zeichnet sich vereinfacht durch eine Abwesenheit von markenstärkenden und markenschädigenden Reaktionen aus. Konsumenten des Segments „Distanzierte“ zeigen kaum markenschädigende Bewältigungsstrategien, während gleichzeitig auch keine markenstärkenden Reaktionen wie Kontakt zur Marke oder bestehende Markenbindung zu finden sind.

Damit erklärt das theoretische Modell unterschiedliche sichtbare Konsumentenreaktionen nach dem Ende der Markenbeziehung. Es erklärt, weshalb Konsumenten nach dem Ende der Markenbeziehung markenstärkende, markenschädigende oder paradoxe Reaktionen zeigen können.

7 Diskussion der Forschungsergebnisse

Die vorliegende Arbeit hat das Konzept der Post-Trennungsphase in Markenbeziehungen eingeführt und untersucht. Im folgenden Kapitel werden die Ergebnisse der Arbeit hinsichtlich ihres Beitrages für die wissenschaftliche Forschung sowie die unternehmerische Praxis beleuchtet.

7.1 Diskussion und Implikationen für wissenschaftliche Forschung und unternehmerische Praxis

Die vorliegende Arbeit hat das Konzept der Post-Trennungsphase in Markenbeziehungen im Rahmen einer explorativen und induktiven Studie untersucht. Die Post-Trennungsphase verbindet die Beziehungsphase sowie die darauffolgende Trennung von der Marke mit der Revitalisierungsphase. Die Ergebnisse der vorliegenden Studie zeigen, dass Konsumenten intensive und komplexe Post-Trennungsprozesse durchlaufen, die sich auf die Auflösung der Bindung und die Bewältigung der Trennung beziehen. Sie können als zwei unabhängige Faktoren (Dimensionen), den "beziehungsbezogenen Reaktionen" und den "trennungsbezogenen Reaktionen", abgebildet werden.

Es konnte empirisch gezeigt werden, dass Konsumenten während der Post-Trennungsphase heterogene Reaktionen zeigen, die vier unterschiedlichen Segmenten zugeordnet werden können. Aus der Triangulation der qualitativen und quantitativen Ergebnisse wurde das "Modell zu Anpassungsreaktionen in der Post-Trennungsphase" entwickelt. Es verdeutlicht gleich- und gegenläufige (ambivalente) Reaktionen von Konsumenten in der Post-Trennungsphase und lässt sich in Zusammenhang mit dem gleich- oder gegenläufigen Markenverhalten während der Markenbeziehung bringen.

Beziehungsbezogene Reaktionen

Die "beziehungsbezogenen Reaktionen" in der Post-Trennungsphase umfassen Markenbindung, Identifikation mit der Marke (Soziale Identität), Markenkommunikation und Markenkontakt. Die Bindung zwischen Konsument und Marke spielt eine zentrale Rolle während der Markenbeziehung (Fournier 1998). Die vorliegende Studie zeigt, dass die Bindung der Marke gegenüber auch nach dem Ende der Markenbeziehung fortbestehen kann. Das Konzept der Markenbindung (brand attachment) wird innerhalb des Marketing als starkes emotionales Band zwischen Konsument und Marke beschrieben, welche die Dimensionen von Zuneigung, Leidenschaft und Verbindung umfasst (Thomson, MacInnis und Park 2005). Im Gegensatz dazu umfasst innerhalb der sozialpsychologischen Trennungsliteratur der Bindungsbegriff eine positive wie auch negative Ausprägung (Bermann 1988a; Bermann 1988b). Eine negative Bindung ist beispielsweise durch eine ständig wiederkehrende negative innerliche Auseinandersetzung mit dem Partner gekennzeichnet

Die vorliegenden Ergebnisse zeigen, dass ungefähr 60% der Befragten nach dem Ende der Markenbeziehung eine positive oder sehr positive Markenbindung haben. Insbesondere die Segmente „Freunde“ und „Sehnsüchtige“ zeigen eine besonders hohe Markenbindung, während die Segmente „Feindselige“ und „Distanzierte“ eine negative Markenbindung zeigen. Die Ergebnisse ergänzen damit bestehende Forschungsarbeiten zur Markenbindung, indem gezeigt wird, dass nach dem Ende der Markenbeziehung nicht nur positive Bindungen, sondern ebenfalls negative Bindungen der Marke gegenüber fortbestehen können. Die negative fortgeführte Markenbindung wird sichtbar an fortbestehenden negative Kognitionen, Emotionen und Verhaltensweisen gegenüber der Marke. Selbst mehrere Jahre nach dem Markenwechsel geben Konsumenten an, dass sie noch wütend oder verärgert sind und dieser Ärger aktiviert wird, sobald sie beispielsweise die Marke sehen. Während die negative fortbestehende Bindung für Konsumenten mit viel Leid einhergehen kann, da sie ständig wiederkehrenden negativen Emotionen und Kognitionen ausgesetzt sind, zeigt sich in der ebenfalls über mehrere Jahre fortbestehenden positiven Bindung für Unternehmen eine große Chance hinsichtlich des Rückgewinnungspotentials. Für Unternehmen bedeutet dies, dass eine geeignete

Kommunikation in der Post-Trennungsphase mit ehemaligen Konsumenten wesentlich ist, um so die Markenbindung und damit die Wiederkaufsintention zu fördern. Beispielsweise bietet die Einbindung der Konsumenten in eine Online-Kommunikation, markengesteuerte Brand Communities oder gezielte Einladungen zu Kundenevents die Chance, die Markenbindung aufrechtzuerhalten und die Wiederkaufswahrscheinlichkeit systematisch zu erhöhen.

Marken ermöglichen es Konsumenten, die eigene Identität mit Marken auszudrücken und das eigene Selbst in Bezug zur Marke zu setzen (Escalas und Bettman 2005). Die Ergebnisse der vorliegenden Arbeit erweitern die Bedeutung der Identifikation auf die Zeit nach dem Ende der Markenbeziehung. In der vorliegenden Studie identifizierten sich mehr als 40% der Befragten nach dem Ende der Markenbeziehung mit der Marke. Das bedeutet, dass die Identifikation mit der Marke auch nach dem Ende der Markenbeziehung eine wichtige Rolle spielt und über das Ende der Markenbeziehung hinaus fortbestehen kann.

In seiner Studie zu Kommunikation nach dem Ende von Dienstleistungsbeziehungen zeigt Wangenheim (2005), dass Konsumenten nach dem Ende einer Dienstleistungsbeziehung negativ über die Beziehung sprechen. Die vorliegende Studie erweitert und ergänzt die bestehenden Erkenntnisse, indem gezeigt wird, dass ein hoher Anteil ehemaliger Kunden positiv kommuniziert (44%) und noch Kontakt zu der Marke aufrecht erhält (56%). In Verbindung mit dem Anteil der Befragten, die eine hohe oder sehr hohe Bindung (61%) der Marke gegenüber empfinden und sich mit der Marke identifizieren (40%), bedeutet dies für Unternehmen, dass Konsumenten nicht nur während der Markenbeziehung, sondern auch nach dem Ende der Markenbeziehung „Apostel“ (Curasi, 2002) der Marke sein können. Damit wird deutlich, dass auch in abgewanderten Kunden ein hohes Potential liegt, welches sinnvollerweise in eine Kundenwertberechnung (CLV) mit einfließt (vgl. Wangenheim 2005). Zudem legen die Ergebnisse dieser Studie nahe, dass die Unterscheidung in positive und negative Kommunikation zu allgemein ist und um die ambivalente Kommunikation erweitern werden sollte. Ambivalente Kommunikation zeichnet sich durch eine Kommunikationsstruktur aus, die gleichzeitig positive und negative Anteile enthält. Während 61% der Befragten eine hohe oder sehr hohe Bindung haben, sprechen mehr als ein

Viertel (27%) von ihnen ambivalent über die Marke. Das bedeutet, dass Konsumenten der Marke trotz hoher Bindung und Identifikation durch eine ambivalente Kommunikation schaden. Für Empfänger sind ambivalente Informationen schwieriger zu einem einheitlichen Urteil zusammenzufassen (Judd und Brauer 1995). In der Folge besteht die Gefahr, dass Dritte die negativen Anteile der Kommunikation besser erinnern und die Marke damit geschädigt wird. Bestehende Forschung zeigt, dass beispielsweise elektronische negative Kommunikation einen Einfluss auf die Aktienentwicklung oder den Cash-flow eines Unternehmens haben kann (Luo 2009). Unzufriedenheit mit einem Teil der Marke (z.B. Serviceinteraktion) kann dazu führen, dass es zu einer „Generalisierung" kommt und in der Folge die negative Kommunikation verallgemeinert über die Marke geführt wird (Schmidt 2009). Nahezu 60% schädigen sie durch ihre negative oder ambivalente Kommunikation über einen länger andauernden Zeitraum (hier bis zu drei Jahren). Damit verdeutlichen Ausmaß und Dauer des markenschädigenden Verhaltens, dass der kundenorientierten Kommunikation während und nach der Markenbeziehung ein zentrales Gewicht zukommt.

Trennungsbezogene Reaktionen

Die „trennungsbezogenen Reaktionen" umfassen Account making, kognitives Coping und emotionales Coping. Attribution ist ein Konstrukt, welches insbesondere bei Servicefehlern in der Marketingliteratur verwendet wird (Maxham III und Netemeyer 2002). Account making erweitert das bestehende Konstrukt Attribution, da neben der Schuldzuschreibung ebenfalls betrachtet wird, welche Funktion eine Schuldzuschreibung hat. Studien zur Attribution zeigen, dass sich Kunden oder Vertriebspartner in ihren Beziehungen abhängig von der Schuldzuschreibung unterschiedlich in den gezeigten Bewältigungs- oder Vergeltungsstrategien verhalten (Bougie, Pieters und Zeelenberg 2007). Vertriebspartner, die sich selbst Schuld oder Teilschuld für Schwierigkeiten in der Beziehung geben, neigen eher dazu, sich von der Beziehung zu distanzieren (Hibbard, Kumar und Stern 2001). Kunden, die dem Unternehmen die Schuld für einen Fehler geben, sind eher dazu geneigt, sich zu beschweren oder sich anderen Kunden gegenüber negativ zu äußern (Richins 1983; Folkes 1988). Die Ergebnisse der vorliegenden Studie erweitern die bestehenden Erkenntnisse, indem gezeigt werden kann, dass sich dieses Verhalten nicht nur als

Reaktion auf einen konkreten Servicefehler zeigt, sondern ein langanhaltendes Reaktionsmuster auch nach dem Ende einer Markenbeziehung darstellt.

Grundsätzlich erfüllen Accounts mehr noch als Attributionen unterschiedliche Funktionen wie Schutz des eigenen Selbstwertes, Erhöhung der eigenen Kontrolle oder die emotionale Bewältigung des Erlebten. Es geht dabei nicht nur um Schuldzuweisung, sondern zusätzlich um das Erstellen einer kohärenten Geschichte, die Dritten gegenüber kommuniziert werden kann (Orbuch 1997). Insbesondere Konsumenten des Segments „Distanzierte" sehen sich trotz unternehmensbedingter Fehler (z.B. Produktprobleme) als selbst verantwortlich für das Ende der Markenbeziehung. Damit erhalten sie mehr Kontrolle über das Beziehungsende (Thompson 1981). Dagegen stellen sich Konsumenten des Segments „Sehnsüchtige" als Geschädigte dar. Diese Art des Account making führt dazu, dass diese Konsumenten mehr Anteilnahme durch Dritte erhalten.

In der Marketingliteratur hat Coping bisher nur eine begrenzte Aufmerksamkeit erhalten (Duhachek 2005). Im Gegensatz dazu ist Coping in der psychologischen Literatur ein umfassend untersuchtes Konstrukt und eines der zentralen Konstrukte der psychologischen Stressforschung. Die vorliegende Arbeit ergänzt die bestehende Literatur, indem gezeigt wird, dass Konsumenten Copingstrategien nicht nur als direkte Reaktion auf Servicefehler anwenden (z.B. Gelbrich 2010), sondern auch nach dem Ende der Konsumentenbeziehung unterschiedliche Copingstrategien zeigen. Die Verwendung von Konstrukten wie Vergeltung oder Rache als Reaktion auf Servicefehler ergänzen inzwischen Konstrukte wie Beschwerde oder negative Mund-zu-Mund Kommunikation und weisen darauf hin, dass Konsumentenreaktionen zunehmend differenzierter betrachtet werden (vgl. Bechwati und Morrin 2003). Das Konstrukt emotionales Coping differenziert die bestehende Forschung weiter, indem gezeigt wird, dass Vergeltung oder Rache Bewältigungsformen sind, um das Ende der Markenbeziehung und das kritische Ereignis zu verarbeiten. Hierbei zeigt sich zudem, dass emotionales Coping für die Marke einen schädigenden Begleiteffekt hat. Während das Ziel des emotionalen Copings ist, das eigene Selbstwertgefühl wiederherzustellen (Leary, Koch und Hechenbleikner 2001), führt es dazu, dass der

Marke durch die Abwertung Schaden zugefügt wird. Dabei schädigen fast 40% der Konsumenten die Marke absichtsvoll oder als Nebeneffekt der eigenen Bewältigung.

Integrationen widersprüchlicher Forschungsergebnisse

Die beiden Dimensionen „trennungsbezogene Reaktionen“ und „beziehungsbezogene Reaktionen“ der Post-Trennungsphase sind zusätzlich bedeutsam, da sie die beiden Forschungsfelder Konsumentenrückgewinnung und Reaktionen auf Schwierigkeiten in der Serviceinteraktion in einen Zusammenhang bringen und scheinbare Widersprüche aufklären.

In den Studien zur Konsumentenrückgewinnung schwanken die Rückgewinnungsquoten in Abhängigkeit von der Branche und dem Studiendesign. In ihrem Buch „customer winback“ beziffern Griffin und Lowenstein (2001) die Rückgewinnungserfolge über unterschiedliche Branchen hinweg auf 20-40%. In der Studie von Bruhn und Michalski (2003) zu abgewanderten Bankkunden sind 50% der Befragten und in der Studie von Homburg, Hoyer und Stock (2007) sogar 62% der Konsumenten bereit, die Beziehung wieder aufzunehmen. Auf der anderen Seite gehen unterschiedliche Studien davon aus, dass auch nach dem Ende der Beziehung noch eine negative Kommunikation stattfindet, die durch kritische Ereignisse ausgelöst wurde (z.B. Xia, Monroe und Cox 2004). Die wenigen vorhandenen empirischen Untersuchungen, die sich mit negativer Kommunikation nach dem Ende der Konsumentenbeziehung beschäftigen, zeigen ebenfalls eine große Schwankungsbreite hinsichtlich des Anteils an ehemaligen Konsumenten, die negativ in der Post-Trennungsphase kommunizieren. Beispielsweise findet Keaveney (1995) in ihrer Studie zu abgewanderten Supermarktkunden, dass mehr als 75% nach dem Ende der Beziehung negativ kommunizieren. Wangenheim (2005) dagegen findet, dass 25% der ehemaligen Konsumenten negativ kommunizieren.

Da die Ergebnisse aus unterschiedlichen Branchen stammen und mit unterschiedlichen Methoden erhoben wurden, könnte je nach Blickwinkel vermutet werden, dass Konsumenten trotz negativer Kommunikation bereit sind, die Markenbeziehung zu einem späteren Zeitpunkt fortzusetzen oder umgekehrt nur solche Konsumenten eine Beziehung fortsetzen, die auch positiv über das Unternehmen kommunizieren. Mit den beiden unabhängigen Dimensionen „trennungsbezogene Reaktionen“ und „beziehungsbezogene Reaktionen“ sowie den Ergebnissen des Segments „Sehnsüchtige“ wird deutlich, dass der Zusammenhang komplexer ist. Neben einem gleichgerichteten Zusammenhang existiert ebenfalls ein gegenläufiger Zusammenhang, bei dem trotz ambivalenter Kommunikation eine Wiederkaufsintention vorhanden ist. Besonders interessant sind diese gegenläufigen Verhaltensweisen, da anzunehmen ist, dass sich die Reaktionen nicht nur auf die Post-Trennungsphase beschränken, sondern ebenfalls bei Servicefehlern während der Konsumentenbeziehung auftauchen können. Das bedeutet, dass selbst Konsumenten mit einer hohen Bindung möglicherweise schon während der Konsumentenbeziehung der Marke schaden, indem sie beispielsweise markenschädliche Copingstrategien anwenden.

Modell zu Anpassungsreaktionen in der Post-Trennungsphase

Das entwickelte theoretische „Modell zu Anpassungsreaktionen in der Post-Trennungsphase“ stellt die Verbindung zwischen den unterschiedlichen Phasen der Konsumentenbeziehung dar. Insbesondere wird dabei der Zusammenhang zwischen der Beziehungsphase und der Post-Trennungsphase beleuchtet. Es bietet der wissenschaftlichen Forschung des Relationship Marketing einen Erklärungsansatz für Konsumentenreaktionen nach dem Ende der Markenbeziehung. Dabei erweitert und integriert es bestehende Theorien der sozialpsychologischen Forschung, die ebenfalls innerhalb des Marketing verwendet werden. Anhand des entwickelten Modells wird deutlich, dass für dessen theoretische Fundierung weder die soziale Austauschtheorie noch die transaktionale Stresstheorie alleine genügen. Aus der teilweise fortbestehenden Bindung und dem Bedürfnis einiger ehemaliger Konsumenten die Beziehung fortzuführen, zeigt sich, dass die soziale Austauschtheorie mit ihrem nutzenorientierten Ansatz einen Erklärungsbeitrag für die Wiederkaufsintention sowie die „beziehungsbezogenen Reaktionen“ in der Post-Trennungsphase leistet. Dagegen fehlt ein solcher Erklärungsbeitrag für die „trennungsbezogenen Reaktionen“ in der Post-Trennungsphase. Dies wiederum leistet die transaktionale Stresstheorie, die erklärt, weshalb ehemalige Konsumenten nach dem Ende der Konsumentenbeziehung das kritische Ereignis mit unterschiedlichen Coping-Strategien bewältigen. Damit erklären beide Theorien komplementäre Anteile (Nutzen vs. Bewältigung), die beide wesentlich für Reaktionen ehemaliger Konsumenten in der Post-Trennungsphase sind.

Das theoretische Modell bietet zudem einen Erklärungsansatz für gleichgerichtetes wie auch gegenläufiges (paradoxes) Konsumentenverhalten in der Post-Trennungsphase. Bestehende Forschung zu Servicefehlern zeigt, dass Konsumenten beispielsweise durch negative Mund-zu-Mund Kommunikation oder Markenwechsel auf Servicefehler reagieren bzw. auch heftiger durch verbale oder sogar physische Vergeltungsformen (z.B. Gregoire und Fisher 2008; McColl-Kennedy et al. 2009). Die vorliegenden Ergebnisse erweitern diese bestehenden Erkenntnisse, indem nicht die Reaktion auf Servicefehler isoliert wird, sondern eine ganzheitliche Betrachtung der Markenbeziehung erfolgt. Dabei wird deutlich, dass Marken während der Konsumentenbeziehung gleichzeitig als selbstwertstärkend und selbstwertbedrohlich wahrgenommen werden können. Während die Produktnutzung durch den symbolischen Markennutzen für die Konsumenten selbstwertstärkend ist, bedroht der Händler, beispielsweise durch fehlendes partnerschaftliches Verhalten oder Geringschätzung, das Selbstwertgefühl der Konsumenten. Entsprechend finden sich bei ehemaligen Konsumenten in der Post-Trennungsphase entsprechende gegenläufige Reaktionen. Während die Selbstwertbedrohung durch den Händler (kritisches Ereignis) durch markenschädliches emotionales Coping bewältigt wird, bleibt umgekehrt die hohe positive Markenbindung bestehen und zeigt sich durch fortgeführte positive Markenkommunikation. Damit bietet das vorliegende Modell einen Erklärungsansatz für das scheinbar paradoxe Verhalten ehemaliger Konsumenten in der Post-Trennungsphase. Gleichzeitig wird anhand des theoretischen Modells deutlich, dass sich auch die Marke während der Konsumentenbeziehung widersprüchlich oder paradox verhält und liefert somit auch einen Erklärungsbeitrag für ambivalentes Konsumentenverhalten während der Markenbeziehung.

Die vorliegende Arbeit bietet durch das entwickelte Modell einen Ansatz, der es Unternehmen ermöglicht, die Bedeutung der Interaktion kritisch zu untersuchen und

Mitarbeiter in dieser Hinsicht zu sensibilisieren. Damit wird es möglich, bei kritischen Ereignissen wie beispielsweise in der Wiederkaufssituation eine empathische und erklärende Kommunikation so zu gestalten, dass sie vom Kunden nicht als selbstwertbedrohlich erlebt wird. Mit dieser Veränderung kann einhergehen, dass einige Kunden die Beziehung aufrechterhalten und es zu keinem Ende der Beziehung kommt bzw. nach dem Ende der Markenbeziehung die emotionalen Bewältigungsstrategien sowie die Darstellung der Trennungsgeschichte nicht unternehmensschädlich verlaufen. Indem durch das Tiefeninterview Aufschluss über zugrundeliegende Motivationen und Bedeutungsebenen von Handlungen gegeben wird, können präventiv wie auch nach der Trennung unternehmerisch angemessene Handlungsstrategien entwickelt werden. Eine Betrachtung auf der Verhaltensebene führt beispielsweise bei dem Segment „Sehnsüchtige“ dazu, dass aus unternehmerischer Sicht keine Handlungsmöglichkeiten bestehen. Erst die Symbol- und Motivbetrachtung der Interaktion zwischen Händler und Kunde zeigt, dass auch abseits von Rabatten durch eine transparente Kommunikation der Preispolitik sowie einer wertschätzenden Interaktion, die monetäre und nicht-monetäre Maßnahmen als Zeichen der Wertschätzung der Kundenloyalität beinhalten, unternehmerische Handlungsmöglichkeiten bestehen. Damit kann der Markenwechsel mit seinen unternehmensschädigenden Auswirkungen verhindert oder Konsumenten auf angemessene Weise zurückzugewonnen und die ambivalente Kommunikation verringert werden.

Konsumentensegmente in der Post-Trennungsphase

Die Ergebnisse der identifizierten Segmente verdeutlichen, dass Konsumentenreaktionen in der Post-Trennungsphase vielschichtig sind. Sie ergeben ein komplexes, aber dennoch kohärentes Reaktionsmuster. Die Unabhängigkeit (Orthogonalität) der beiden Dimensionen „beziehungsbezogene Reaktionen“ und „trennungsbezogene Reaktionen“ erweitert die bestehenden Erkenntnisse hinsichtlich ambivalenter Konsumentenreaktionen. Ein hoher Wert auf der Dimension „trennungsbezogene Reaktion“ beinhaltet durch emotionale Copingstrategien und Account making markenschädliche Reaktionen. Ein hoher Wert auf der Dimension „beziehungsbezogene Reaktion“ stellt durch eine positive Markenbindung oder positive Kommunikation eine markenstärkende Reaktion dar.

Die Ergebnisse der hierarchischen Clusteranalyse zeigen, dass sich alle Befragten entlang der beiden Dimensionen in vier deutlich unterscheidbare Segmente einordnen lassen. Die identifizierten Segmente weisen dabei Ähnlichkeiten mit bestehenden Segmenten in der sozialpsychologischen Literatur auf. Masheter (1997) identifiziert in ihrer Studie zu Beziehungen nach der Scheidung drei Arten von Gruppen („Freunde", „Besessene" und „Feindselige"). Interessanterweise konnten in der vorliegenden Studie diese drei Gruppen in einer ähnlichen Form ebenfalls gefunden werden („Freunde", „Sehnsüchtige" und „Feindselige"). Zusätzlich konnte für die Markenbeziehung ein weiteres Segment („Distanzierte") gefunden werden. Für die Marketingforschung ist dies besonders interessant, da die vorliegende Studie nahe legt, dass die Beziehung zwischen Marke und Konsument nicht nur während der Beziehungsphase Ähnlichkeiten zu engen zwischenmenschlichen Beziehungen aufzeigt, sondern ebenfalls nach dem Ende der Beziehung. Das Auffinden vergleichbarer Segmente zeigt dabei, dass sich die Ähnlichkeit nicht nur auf einzelne Konstrukte beschränkt (z.B. Coping), sondern die grundlegende Struktur Ähnlichkeiten aufzeigt. Die vorliegende Studie erweitert bestehende Forschungsergebnisse, indem zudem Segmente identifiziert werden konnten, die ein gegenläufiges Konsumentenverhalten zeigen. Das Segment „Sehnsüchtige" zeichnet sich durch hohe Werte auf beiden Dimensionen aus. Hohes markenstärkendes Verhalten auf der Dimension „beziehungsbezogene Reaktionen" geht mit einem hohen markenschädigen Verhalten auf der Dimension „trennungsbezogenes Verhalten" einher. Umgekehrt zeigt das Segment „Distanzierte" auf beiden Dimensionen niedrige Werte.

Die Ergebnisse der unterschiedlichen Segmente bieten Unternehmen vielfältige Informationen. Ehemalige Kunden sind leichter zurückzugewinnen als Neukunden zu akquirieren (Griffin und Lowenstein 2001). Aus den Ergebnissen der exakten logistischen Regression wurde deutlich, dass die Vorhersagegenauigkeit durch die Segmentierung erhöht werden kann. Insbesondere Segmente, die sich in der Post-Trennungsphase durch hohe positive „beziehungsbezogene Reaktionen" wie Markenbindung oder Markenidentifikation auszeichnen, äußern eine hohe Wiederkaufsintention. Sie sind somit eine Zielgruppe bei Rückgewinnungsaktivitäten und versprechen einen höheren Return of Investment. Eine Zuordnung der

Konsumenten zu den entsprechenden Segmenten vor dem Ende der Markenbeziehung ermöglicht hiermit eine Veränderung des Kundenwertes nach dem Ende der Kundenbeziehung mit einzuberechnen. Insbesondere markenschädigende Konsumentenreaktionen können einen positiven Kundenwert nach dem Ende der Markenbeziehung in einen negativen Kundenwert verändern. Bisher lassen viele Kundenwertmodelle, aufgrund der Schwierigkeiten einzelne Konsumentenreaktionen nach dem Ende der Beziehung zu messen, den Einfluss solcher Konsumentenreaktionen unberücksichtigt (Rust, Lemon und Zeithaml 2004). Zudem wird deutlich, dass Konsumentenverhalten in der Post-Trennungsphase komplexer ist als die Unterscheidung zwischen „markenstärkendes Verhalten“ und „markenschädigendes Verhalten“ nahelegt. Auf Basis der Zuordnung zu den einzelnen Segmenten lassen sich spezifische Strategien entwickeln, um beispielsweise unternehmensschädliches Verhalten zu verringern oder die Rückgewinnungsquote zu verbessern. Innerhalb des Segments „Freunde“ zeigen 50% der Befragten die Bereitschaft, die Beziehung fortzuführen. Aufgrund der konsumentenbezogenen Wechselgründe erscheinen dabei kosteneffiziente Maßnahmen wie etwa die weitere Zusendung von Informationsmaterial als Kundenbindungsmaßnahme sinnvoll. Dagegen steht bei den Konsumenten des Segments „Sehnsüchtige“ die Wiedergutmachung und die Wiederherstellung des verletzten psychologischen Vertrages (Miller 2001) im Mittelpunkt. Im Gegensatz zu dem Segment „Freunde“ könnten hier eher Maßnahmen wie eine Entschuldigung oder Zeigen von Anerkennung geeignet sein.

7.2 Limitationen und Forschungsausblick

Eine qualitative Forschungsarbeit leistet einen Beitrag, wenn sie den Kriterien der Nützlichkeit, Neuigkeit und der Integration von Wissen entspricht (Spiggle 1994). In der vorliegenden Arbeit wurden alle drei Kriterien erfüllt. Dennoch unterlag diese Studie einigen Beschränkungen. Um ein erstes fundiertes Verständnis über die Post-Trennungsphase zu bekommen, wurde bewusst ein „single company“-Ansatz gewählt. Dies hatte für die vorliegende Studie den Vorteil, dass die Stichprobe in ihren Rahmenbedingungen vergleichbar war und somit die zugrundeliegenden typischen Reaktionsweisen deutlicher identifiziert werden konnten, ohne Gefahr zu laufen, Einzelfälle als idealtypisch zu klassifizieren.

Aufgrund der langen Beziehungsdauer und des hohen Involvements wurde die Automobilbranche als besonders geeignet für die Durchführung einer explorativen und induktiven Studie über die Post-Trennungsphase angesehen. Obwohl eine beschränkte Stichprobe Vorsicht in der Verallgemeinbarkeit der Ergebnisse nahe legt, bedeutet das nicht, dass das entwickelte Modell keine Aussagekraft besitzt (Mook 1983). Bedingt durch die Fokussierung auf high-involvement Markenbeziehungen könnte zukünftige Forschung untersuchen, in welcher Form sich die Konstrukte in low-involvement Markenbeziehungen wiederfinden lassen.

Wie mit jeder explorativen Forschungsarbeit liegt das Hauptziel darin, weitere Forschung zu stimulieren, um so die bestehenden Erkenntnisse zu vertiefen und zu erweitern. Die beiden Dimensionen „beziehungsbezogene Reaktionen“ und „trennungsbezogene Reaktionen“ als übergeordnete Faktoren geben Hinweise über die zentralen Reaktionen in der Post-Trennungsphase. Zukünftige Forschungen können durch größere Stichproben, Stichproben aus unterschiedlichen Branchen und Industrien sowie aus mehreren Ländern die bestehenden Ergebnisse verifizieren sowie Branchen- oder länderspezifische Limitationen aufzeigen und das theoretische Modell in seiner Aussagekraft erweitern und spezifizieren.

Zudem könnte der Zusammenhang und die wechselseitige Beeinflussung der Konstrukte untereinander untersucht werden. Die exakte logistische Regression hat zudem erste Zusammenhänge zwischen dem kritischen Ereignis und den Segmenten gezeigt. Zukünftige Forschung könnte diese Erkenntnisse erweitern, indem weitere kausale Beziehungen zwischen den einzelnen Phasen untersucht werden. Die Unterscheidung der Segmente anhand der Dimensionen „beziehungsbezogene Reaktion“ und „trennungsbezogene Reaktion“ erlauben eine Segmentierung von Konsumenten nach dem Ende der Markenbeziehung. Für eine zukünftige Forschung erscheint es sinnvoll, die Stabilität und Vollständigkeit der aufgefundenen Segmente anhand größerer Stichproben zu testen. Zusätzlich können logistische Regressionen oder Diskriminanzanalysen angewendet werden, um die Bedeutung der einzelnen Konstrukte für die Zuweisung einzelner Personen zu den Segmenten zu untersuchen und Vorhersagen zu erlauben.

Die vorliegende Studie hat deutlich gemacht, dass die Post-Trennungsphase ein Bestandteil des Kundenlebenszyklus ist und ein hohes Potential für CRM-Aktivitäten besitzt, um erfolgreiche Kundenrückgewinnungsstrategien anzuwenden. Basierend auf den identifizierten Segmenten könnte zukünftige Forschung den Erfolg differenzierter Rückgewinnungsstrategien entlang der unterschiedlichen Kundenkontaktpunkte sowie Strategien zur Reduktion markenschädlichen Verhaltens untersuchen.

Die Marke als ambivalenter Beziehungspartner ist in der Markenliteratur bisher kaum betrachtet worden und erscheint ein vielversprechender Forschungsbereich, der widersprüchliche Forschungsergebnisse erklären kann. Die Ergebnisse der vorliegenden Studie haben erste Erkenntnisse über ambivalentes Markenverhalten und ambivalente Konsumentenreaktionen erbracht. Zukünftige Forschungsarbeiten könnten hier vertiefend den Zusammenhang zwischen widersprüchlichem Markenverhalten und den Konsumentenreaktionen überprüfen, um so zu einem tieferen Verständnis von Markenverhalten zu kommen.

Anhang

A. Screening-Fragebogen der Studie

	Guten Tag, meine Name ist <<xx>> von der Universität Maastricht, störe ich Sie gerade oder haben Sie einen Augenblick Zeit?
	<<Anrede Nachname>>, wir machen eine Befragung über die Erfahrungen, die ehemalige Kunden bei großen Investitionen wie zum Beispiel Autos machen. Ich würde mich sehr freuen, wenn ich Ihnen hierzu kurz ein paar Fragen stellen darf. Es dauert nicht länger als 3 Minuten und ihre Antworten werden selbstverständlich vertraulich und anonym behandelt. Hätten Sie kurz Zeit? FALLS NEIN -> BEDANKEN UND STUDIE BEENDEN FALLS JA -> BEDANKEN UND WEITER FORTFAHREN
	Ich danke Ihnen, dass Sie bereit sind mitzumachen. Zuerst möchte ich Sie fragen, ob Sie in den letzten 3 Jahren ein Auto von einer anderen Marke als das vorige Auto gekauft haben? FALLS NEIN -> BEDANKEN UND STUDIE BEENDEN FALLS JA -> FORTFAHREN
	Fahren Sie das Auto selbst?
	Dann noch kurz ein paar allgemeine Fragen zu Ihrem jetzigen und vorherigen Auto: 1. Von welcher Marke ist Ihr jetziges Auto und was für ein Modell ist das? 2. Von welcher Marke war Ihr vorhergehendes Auto und was für ein Modell war das? 3. Haben Sie das Auto privat gekauft oder ist es von Ihrer Firma gekauft worden? 4. Haben Sie das vorhergehende Auto privat gekauft oder ist es von Ihrer Firma gekauft worden? FALLS NEIN -> BEDANKEN UND STUDIE BEENDEN FALLS JA -> FORTFAHREN
	<< Anrede Nachname>>, Sie gehören genau in die Zielgruppe für

<table>
<tr><td></td><td>unsere Studie. Ich würde gerne mit Ihnen über die Gründe des Markenwechsels sprechen und welche Erfahrungen dazu geführt haben. Darf ich Sie hierzu innerhalb der nächsten 2 Wochen anrufen?

FALLS JA/ ZÖGERN

Die Befragung wird nicht sehr lange dauern und ihre Erfahrungen würden uns sehr weiterhelfen. Als Dankeschön würden wir uns mit einem Einkaufsgutschein über 25 Euro bedanken.</td></tr>
</table>

B. Fragebogen der Studie (Zielgruppe)

Name Interviewer:____________________________________

Name Kunde: ____

Datum: ____

Einführung

Guten Tag <<Anrede Name>>,

mein Name ist <<Vorname Nachname>> von der Universität Maastricht. Ich möchte mich ganz herzlich bei Ihnen bedanken, dass Sie an unserer Befragung teilnehmen. Während des Gespräches werden häufig viele interessante Sachen gesagt. Es wäre schade, wenn durch meine Notizen nur ein Bruchteil davon aufgenommen wird. Ihre Daten werden absolut vertraulich und anonym behandelt und nicht an Dritte weitergegeben, also auch nicht an irgendwelche Autohändler. Sie müssen daher keine Sorge haben, danach von einem Autohändler kontaktiert zu werden. Sind Sie damit einverstanden, wenn ich unser Gespräch aufnehme?

Exemplarischer Ablauf der explorativen Befragung

AUTOHISTORIE	
	Zuerst ein paar allgemeine Fragen zu Ihren letzten Autos. Sie haben in dem letzten Gespräch gesagt, dass Sie jetzt einen <<Marke aktuelles Auto>> und davor einen <<*Marke A*>> gefahren haben.
	Was für ein Auto hatten Sie vor <<*Marke A*>>? Welches Modell war das? Wie lange hatten Sie den ungefähr?
	Und was für ein Auto hatten Sie davor? Was für ein Modell war das? Und wie lange hatten Sie den?
	Für Ihr jetziges und Ihr vorheriges Auto: Haben Sie die Wartung bei der Vertragswerkstatt oder bei einer anderen Werkstatt machen lassen?
POST-TRENNUNGSPHASE	
	In der Studie geht es hauptsächlich darum, wie Sie heute ihr vorhergehendes Auto sehen. Da Ihr voriges Auto ein <<*Marke A*>> war, beziehen sich im Folgenden fast alle Fragen auf ihren <<*Marke A*>>. Informieren Sie sich heute noch über <<*Marke A*>>?
	Wo informieren Sie sich? Informieren Sie sich noch woanders?
	Was interessiert Sie besonders? Was interessiert Sie noch?
	Interessieren Sie alle Automarken gleichermaßen? Welche Automarken interessieren Sie besonders? Wie würden Sie Ihr heutiges Interesse <<*Marke A*>> gegenüber im Vergleich zu den anderen Automarken einstufen?

Markenbeziehung:	
	Wie sehen Sie <<*Marke A*>> gegenwärtig? Was geht Ihnen durch den Kopf, wenn Sie heute an <<*Marke A*>> im Allgemeinen denken? Was denken Sie noch?

	Was denken Sie, wenn Sie heute jemand in einem <<*Marke A*>> sehen? Was denken Sie noch?
	Was denken Sie, wenn Sie in den Nachrichten etwas von <<*Marke A*>> hören? Was denken Sie noch?
	Wie würden Sie Ihre Empfindungen beschreiben, die Sie <<*Marke A*>> gegenüber haben? Was haben Sie noch für Empfindungen, wenn Ihnen <<Marke A>> in den Kopf kommt?
	Würden Sie sich noch als interessiert und <<*Marke A*>> zugetan beschreiben?
	Wenn jemand von Ihnen einen Rat zu <<*Marke A*>> haben möchte, was würden Sie sagen? Was würden Sie noch sagen?
	Empfehlen Sie <<*Marke A*>> heute noch? Aus welchen Gründen empfehlen Sie <<*Marke A*>> heute/ heute nicht mehr?

Händlerbeziehung:	
	Wie ist das mit Ihrem damaligen <<*Marke A*>> Händler? Wie sehen Sie den Händler heute?
	Empfehlen Sie den Händler heute noch? Aus welchen Gründen empfehlen Sie den Händler heute/ nicht mehr?
Produktbeziehung:	
	Gibt es für Sie einen Unterschied, wenn Sie an <<*Marke A*>> im Allgemeinen denken und wenn Sie an Ihre << *Marke A* Model>> denken?
	Was denken Sie über Ihren damaligen <<*Marke A*>>? Was denken Sie noch?
	Finden Sie, Ihr alter <<*Marke A*>> war eher ein gutes oder eher ein schlechtes Auto? Was erzählen Sie über das Auto? (ggf. Erzählen Sie eher begeistert oder eher enttäuscht?)
Markenwechsel:	
	Grundsätzlich kann es aufregend sein, eine neue Marke zu fahren, weil man etwas Neues ausprobieren kann. Man kann es aber auch als Belastung empfinden, weil man sich auf alles neu einstellen muss. Wie haben Sie das empfunden als Sie sich nach einer neuen Marke umgesehen haben? Wie war es für Sie, sich auf einen neuen Händler einstellen zu müssen?
Markennutzen	
	Was war der Grund <<*Marke A*>> *zu kaufen?* Was haben Sie besonders an <<*Marke A*>> gemocht? Was hat Ihnen damals am Händler gefallen? Wie hat Ihr Umfeld darauf reagiert, dass Sie <<*Marke A*>> *fahren?*

KRITISCHE EREIGNISSE	
	Ich würde jetzt gerne von Ihnen wissen, welche Gründe dazu geführt haben, dass Sie sich eine andere Marke gekauft haben. Was ist genau passiert? Wie hat der Händler reagiert? Wie haben Sie reagiert?
	[Falls Abwanderung aufgrund Probleme] Was haben Sie in der Situation vom Händler erwartet? Was hätten Sie sich vom Händler gewünscht? Gibt es etwas, was Sie sich damals vom Unternehmen gewünscht hätten? Hatten Sie das Gefühl, das Unternehmen hätte sich anders verhalten können?
	War die Reaktion des Händlers besser oder schlechter als erwartet?
	Was haben Sie in der Situation vom Unternehmen erwartet? War die Reaktion des Unternehmens besser oder schlechter als erwartet?
	Wer war aus Ihrer Sicht verantwortlich dafür, dass das passiert ist?
	Sind Sie der Meinung, dass solche Ereignisse in den nächsten Jahren bei <<*Marke A*>> weiterbestehen bleiben oder sind Sie der Meinung, dass Ihre Erfahrung eine Ausnahme war?
	Was waren noch andere Gründe?
BESCHWERDE UND RÜCKGEWINNUNG	
Beschwerde	
	Als Sie Probleme mit <<*Marke A*>> hatten, haben Sie sich da beschwert? -> *JA*

	Worüber haben Sie sich genau beschwert? Wo haben Sie sich beschwert? Wie hat *MARKE A* drauf reagiert? Was hätten Sie sich gewünscht? NEIN: Hätten Sie sich gerne beschwert? Wieso haben Sie von einer Beschwerde abgesehen?
Händlerangebot	
	Bevor Sie sich den <<Modell aktuelle Auto>> gekauft haben, haben Sie noch mal ein Angebot von dem <<*Marke A*>> Händler eingeholt?
Rückgewinnung	
	Falls Kunde wegen Service/Produktproblemen die Marke gewechselt hat: Das besondere beim Autovertrieb ist, dass meistens die Händler vom Hersteller unabhängig sind und sich daher anders verhalten als es sich der Hersteller wünscht. Wie würden Sie reagieren, wenn sich der Hersteller meldet und sich bei Ihnen für die Schwierigkeiten entschuldigt? Was für eine Entschädigung würden Sie erwarten? *Alle ehemaligen Kunden:* Was würden Sie vom Hersteller oder dem Händler erwarten, damit Sie die Marke wieder in Betracht ziehen?
Kaufphasen	
	Für einen Autokauf unterscheidet man in der Wissenschaft verschiedene Phasen. Wenn Sie sich selbst einordnen müssten, in welcher Phase befinden Sie sich jetzt gerade: *Vorlesen*: Ich schaue mich gerade aktiv nach neuen Modellen um Ich stehe schon in Verhandlungen mit Händlern Der Kauf ist noch viel zu weit weg

DEMOGRAPHIE	
	Wir sind mit dem Interview gleich am Ende. Ich möchte Ihnen kurz noch ein paar demographische Fragen stellen. Wann sind Sie geboren? Wie viele Personen leben in ihrem Haushalt? Wie viele PKW haben Sie aktuell in Ihrem Haushalt? Wie wird das Auto genutzt? (privat/geschäftlich/gemischt) Soll Ihr nächstes Auto ein Neu- oder ein Gebrauchtwagen werden? Wenn Sie heute ein Auto kaufen müssten, welche Marke/ welches Modell würden Sie am ehesten kaufen?
	ENDE [Anrede Name], wir sind jetzt am Ende unserer Befragung. Ich möchte mich ganz herzlich bei Ihnen bedanken, dass Sie sich die Zeit genommen haben, an unserer Befragung teilzunehmen. An welche Adresse sollen wir den Einkaufsgutschein schicken? Wir schicken Ihnen dann in den nächsten Tagen von der Universität Maastricht einen Brief mit dem Gutschein zu. Auf Wiederhören.

C. Konsumentensegment „Freunde“

Objekt Nummer	Pseudonym	Alter	Markenwert vor der Krise	kritisches Ereignis	Loyalität	Wiederkauf	Attachment	Identität/ Erhöhung	Kommunikation	Kontakt	Account Making	Kognitives Coping	Verhaltensbezogenes Coping
101	John	42	niedrig	Persönliche Gründe	Neukunde	nein	positiv	nicht wichtig	positiv	ja	Kunde	kein kognitives Coping	keine Entwertung
102	Harry	64	hoch	Persönliche Gründe	sehr loyal	ja	positiv	bisherige Marke	positiv	ja	Kunde	Rationalisierung	keine Entwertung
103	Paul	48	hoch	Persönliche Gründe	sehr loyal	ja	positiv	bisherige Marke	positiv	ja	Kunde	Rationalisierung	keine Entwertung
104	Barbara	75	niedrig	Persönliche Gründe	sehr loyal	nein	positiv	neue Marke	positiv	ja	Kunde	kein kognitives Coping	keine Entwertung
105	Louis	44	hoch	Persönliche Gründe	loyal	nein	positiv	nicht wichtig	positiv	ja	Kunde	Rationalisierung	keine Entwertung
106	Howard	55	hoch	Persönliche Gründe	Neukunde	ja	sehr positiv	bisherige Marke	positiv	ja	Kunde	Rationalisierung	keine Entwertung
107	Alan	71	hoch	Persönliche Gründe	Neukunde	ja	positiv	nicht wichtig	ambivalent	ja	Kunde	Rationalisierung	keine Entwertung
108	Linda	70	hoch	Service Fehler	sehr loyal	nein	positiv	bisherige Marke	ambivalent	nein	Kunde	Rationalisierung	keine Entwertung
109	David	66	niedrig	Persönliche Gründe	Neukunde	ja	positiv	bisherige Marke	positiv	ja	Kunde	Rationalisierung	keine Entwertung
110	Thomas	59	hoch	Persönliche Gründe	Neukunde	nein	positiv	bisherige Marke	positiv	ja	Kunde	Rationalisierung	keine Entwertung
111	Helen	51	niedrig	Persönliche Gründe	loyal	nein	positiv	nicht wichtig	positiv	ja	Kunde	kein kognitives Coping	keine Entwertung
112	Matt	39	hoch	Persönliche Gründe	Neukunde	nein	positiv	bisherige Marke	positiv	ja	Kunde	Rationalisierung	keine Entwertung
113	Charles	70	hoch	Persönliche Gründe	Neukunde	nein	positiv	bisherige Marke	positiv	nein	Kunde	kein kognitives Coping	keine Entwertung
114	Michael	42	hoch	Persönliche Gründe	Neukunde	ja	sehr positiv	bisherige Marke	positiv	ja	Kunde	Rationalisierung	keine Entwertung
115	Gary	49	hoch	Persönliche Gründe	loyal	ja	positiv	bisherige Marke	positiv	ja	Kunde	kein kognitives Coping	keine Entwertung
116	Tim	35	hoch	Persönliche Gründe	sehr loyal	ja	positiv	bisherige Marke	positiv	ja	Kunde	Rationalisierung	keine Entwertung
117	Joseph	67	niedrig	Persönliche Gründe	Neukunde	nein	positiv	nicht wichtig	positiv	nein	Kunde	Rationalisierung	keine Entwertung
118	George	71	hoch	Persönliche Gründe	sehr loyal	ja	positiv	neue Marke	positiv	ja	Kunde	Rationalisierung	keine Entwertung

Quelle: Eigene Darstellung

C. Konsumentensegment "Sehnsüchtige"

Objekt Nummer	Pseudonym	Alter	Markenwert vor der Krise	kritisches Ereignis	Loyalität	Wiederkauf	Attachment	Identität/ Erhöhung	Kommunikation	Kontakt	Account Making	Kognitives Coping	Verhaltensbezogenes Coping
201	Peter	54	hoch	Service Fehler	Neukunde	nein	positiv	nicht wichtig	ambivalent	ja	Händler	kein kognitives Coping	Entwertung
202	Carl	72	hoch	Service Fehler	sehr loyal	ja	sehr positiv	bisherige Marke	ambivalent	ja	Händler	Spaltung	keine Entwertung
203	Walter	78	hoch	Kernfehler	sehr loyal	ja	positiv	neue Marke	positiv	nein	Händler	Spaltung	Entwertung
204	Fred	70	hoch	Service Fehler	sehr loyal	ja	sehr positiv	bisherige Marke	positiv	ja	Händler	Spaltung	keine Entwertung
205	William	67	hoch	Service Fehler	loyal	ja	sehr positiv	bisherige Marke	positiv	ja	Händler	Spaltung	Entwertung
206	Frank	60	hoch	Service Fehler	sehr loyal	ja	sehr positiv	bisherige Marke	ambivalent	ja	Händler	Spaltung	Entwertung
207	Leonard	66	niedrig	Service Fehler	loyal	nein	positiv	nicht wichtig	ambivalent	ja	Händler	Spaltung	Entwertung
208	Robert	70	hoch	Service Fehler	Neukunde	nein	positiv	bisherige Marke	ambivalent	ja	Händler	Spaltung	Entwertung

Quelle: Eigene Darstellung

C. Konsumentensegment “Feindselige”

Objekt Nummer	Pseudonym	Alter	Markenwert vor der Krise	kritisches Ereignis	Loyalität	Wiederkauf	Attachment	Identität/ Erhöhung	Kommunikation	Kontakt	Account Making	Kognitives Coping	Verhaltensbezogenes Coping
301	Dennis	71	hoch	Service Fehler	Neukunde	nein	sehr negativ	neue Marke	negativ	nein	Marke	kein kognitives Coping	Entwertung
302	Harold	54	niedrig	Kernfehler	Neukunde	nein	sehr negativ	neue Marke	negativ	nein	Marke	kein kognitives Coping	Entwertung
303	Larry	59	niedrig	Kernfehler	sehr loyal	nein	distan-ziert	nicht wichtig	negativ	nein	Marke	kein kognitives Coping	keine Entwertung
304	Ralph	58	hoch	Kernfehler	loyal	nein	distan-ziert	nicht wichtig	ambivalent	nein	Marke	kein kognitives Coping	Entwertung
305	Henry	55	hoch	Kernfehler	Neukunde	nein	sehr negativ	neue Marke	negativ	nein	Marke	kein kognitives Coping	Entwertung
306	Richard	56	hoch	Kernfehler	Neukunde	nein	sehr negativ	nicht wichtig	negativ	nein	Marke	Rationalisierung	Entwertung
307	Patrick	50	niedrig	Service Fehler	Neukunde	nein	negativ	neue Marke	negativ	ja	Händler	Rationalisierung	Entwertung
308	Eric	58	hoch	Service Fehler	Neukunde	nein	negativ	neue Marke	negativ	nein	Händler	kein kognitives Coping	Entwertung
309	Christophe r	56	hoch	Kernfehler	sehr loyal	nein	negativ	bisherige Marke	negativ	nein	Marke	Rationalisierung	Entwertung
310	Ronald	63	niedrig	Kernfehler	loyal	nein	sehr negativ	nicht wichtig	negativ	nein	Marke	kein kognitives Coping	keine Entwertung
311	Kenneth	57	hoch	Service Fehler	Neukunde	nein	distan-ziert	nicht wichtig	ambivalent	nein	Kunde	Rationalisierung	Entwertung
312	James	41	niedrig	Kernfehler	Neukunde	nein	sehr negativ	neue Marke	negativ	nein	Marke	kein kognitives Coping	Entwertung

Quelle: Eigene Darstellung

C. Konsumentensegment "Distanzierte"

Objekt Nummer	Pseudonym	Alter	Markenwert vor der Krise	kritisches Ereignis	Loyalität	Wiederkauf	Attachment	Identität/ Erhöhung	Kommunikation	Kontakt	Account Making	Kognitives Coping	Verhaltensbezogenes Coping
401	Brian	48	niedrig	Unternehmens-fehler und Persönliche Gründe	loyal	nein	distan-ziert	nicht wichtig	negativ	nein	Kunde	Rationalisierung	keine Entwertung
402	Gerald	73	hoch	Unternehmens-fehler und Persönliche Gründe	loyal	nein	negativ	neue Marke	negativ	nein	Kunde	Rationalisierung	keine Entwertung
403	Betty	31	niedrig	Unternehmens-fehler und Persönliche Gründe	Neukunde	nein	distan-ziert	nicht wichtig	negativ	ja	Kunde	Rationalisierung	keine Entwertung
404	Mary	55	hoch	Persönliche Gründe	Neukunde	nein	distan-ziert	nicht wichtig	ambivalent	nein	Kunde	Rationalisierung	keine Entwertung
405	Jeffrey	61	hoch	Unternehmens-fehler und Persönliche Gründe	Neukunde	nein	distan-ziert	nicht wichtig	ambivalent	nein	Kunde	Rationalisierung	keine Entwertung

Quelle: Eigene Darstellung

Literaturverzeichnis

Aaker, Jennifer L. (1997), „Dimensions of Brand Personality," *Journal of Marketing Research*, 34 (3), 347-356.

---- (2005), „Dimensionen der Markenpersönlichkeit," in: Franz-Rudolf Esch (Hrsg.), *Moderne Markenführung: Grundlagen. Innovative Ansätze. Praktische Umsetzungen*, 4. Aufl., Wiesbaden: Gabler, 165-176.

Aaker, Jennifer L., Susan Fournier und S. Adam Brasel (2004), „When Good Brands Do Bad," *Journal of Consumer Research*, 31 (1), 1-16.

Adams, John S. (1963), „Toward an Understanding of Inequity," *Journal of Abnormal and Social Psychology*, 67, 422-436.

---- (1965), „Inequity in Social Exchange," in: Leonard Berkowitz (Hrsg.), *Advances in Experimental Social Psychology*, New York: Academic Press, 267-299.

Aggarwal, Pankaj (2004), „The Effects of Brand Relationship Norms on Consumer Attitudes and Behavior," *Journal of Consumer Research*, 31 (1), 87-101.

Aghamanoukjan, Anahid, Renate Buber und Michael Meyer (2007), „Qualitative Interviews," in: Renate Buber und Hartmut Holzmüller (Hrsg.), *Qualitative Marktforschung: Konzepte - Methoden - Analysen*, Wiesbaden: Gabler, 417-433.

Alden, Dana L., Jan-Benedict E. M. Steenkamp und Rajeev Batra (1999), „Brand Positioning Through Advertising in Asia, North America, and Europe: The Role of Global Consumer Culture," *Journal of Marketing*, 63 (1), 75-87.

American Marketing Association (2011) *Definition Marke (Brand)*, http://www.marketingpower.com/_layouts/Dictionary.aspx?dLetter=B, Zugriff 30.12.2011.

Amato, Paul R. (2000), „The Consequences of Divorce for Adults and Children," on*Journal of Marriage and Family*, 62 (4), 1269-1287.

Backhaus, Klaus, Bernd Erichson, Wulff Plinke und Rolf Weiber (2006), *Multivariate Analysemethoden. Eine anwendungsorientierte Einführung*, 11. überarb. Aufl., Berlin: Springer.

Bänsch, Axel (2002), *Käuferverhalten*, 9. Aufl., München: Oldenbourg.

Baumeister, Roy F. und Mark R. Leary (1995), „The Need to Belong: Desire for Interpersonal Attachments as a Fundamental Human Motivation," *Psychological Bulletin*, 117 (3), 497-529.

Baxter, Leslie A. (1984), „Trajectories of Relationship Disengagement," *Journal of Social and Personal Relationships*, 1, 29-48.

Bearden, William O. und Michael J. Etzel (1982), „Reference Group Influence on Product and Brand Purchase Decisions," *Journal of Consumer Research*, 9 (2), 183-194.

Bechwati, Nada Nasr und Maureen Morrin (2003), „Outraged Consumers: Getting Even at the Expense of Getting a Good Deal," *Journal of Consumer Psychology*, 13 (4), 440-453.

Beelmann, Wolfgang und Ulrich Schmidt-Denter (2003), „Auswirkungen von Scheidung," in: Ina Grau und Hans-Werner Bierhoff (Hrsg.), *Sozialpsychologie der Partnerschaft*, Berlin: Springer.

Belk, Russell W. (1988), „Possessions and the Extended Self," *Journal of Consumer Research*, 15 (2), 139-168.

Bengtsson, Anders (2003), „Towards a Critique of Brand Relationships," *Advances in Consumer Research*, 30 (1), 154-158.

Berekoven, Ludwig, Werner Eckert und Peter Ellenrieder (2009), *Marktforschung: Methodische Grundlagen und praktische Anwendung*, 12. Aufl., Wiesbaden: Gabler.

Bergadaa, Michelle M. (1990), „The Role of Time in the Action of the Consumer," *Journal of Consumer Research*, 17 (3), 289-302.

Berman, William H. (1988a), „The Role of Attachment in the Post-Divorce Experience," *Journal of Personality and Social Psychology*, 54 (3), 496-503.

---- (1988b), „The Relationship of Ex-Spouse Attachment to Adjustment Following Divorce," *Journal of Family Psychology*, 1 (3), 312-328.

Berman, William H. und Dennis C. Turk (1981), „Adaptation to Divorce: Problems and Coping Strategies," *Journal of Marriage and the Family*, 43 (1), 179-189.

Berry, Leonard L. (1983), „Relationship Marketing," in: Leonard L. Berry, G. Lynn Shostack und Gregory L. Upah (Hrsg.): *Emerging Perspectives on Services Marketing*, Chicago: AMA, 25-28.

Berry, Leonard L. (1995), „Relationship Marketing of Services- Growing Interest, Emerging Perspectives," *Journal of the Academy of Marketing Science*, 23 (4), 236-245.

Berscheid, Ellen (1994), „Interpersonal Relationships," *Annual Review of Psychology*, 45 (1), 79-129.

Berscheid, Ellen und Pamela Regan (2005), *The Psychology of Interpersonal Relationships*, New Jersey: Prenctice Hall.

Bhattacharya, C. B. und Sankar Sen (2003), „Consumer–Company Identification: A Framework for Understanding Consumers' Relationships with Companies," *Journal of Marketing*, 67 (2), 76-88.

Biel, Alexander (2000), „Grundlagen zum Markenwertaufbau," in: Franz-Rudolf Esch (Hrsg.), *Moderne Markenführung: Grundlagen. Innovative Ansätze. Praktische Umsetzungen*, 2. aktualisierte Aufl., Wiesbaden: Gabler, 61-90.

Blattberg, Robert C., Gary Getz und Jacquelyn S. Thomas (2001), *Customer Equity: Building and Managing Relationships as Valuable Assets*, Boston: Harvard Business School Press.

Blau, Peter M. (1964), *Exchange and Power in Social Life*, New York: Wiley & Sons.

Bloom, Bernard L., Shirley J. Asher und Stephen W. White (1978), „Marital Disruption as a Stressor: A Review and Analysis," *Psychological Bulletin*, 85 (4), 867-894.

Blumer, Herbert (1969), *Symbolic Interactionism*, Englewood-Cliffs: Prentice-Hall.

---- (Hrsg.) (1973), *Der methodologische Standort des symbolischen Interaktionismus*, Reinbek bei Hamburg: Rowohlt.

Bodenmann, Guy (2000), „Stress, kritische Lebensereignisse und Partnerschaft," in: Peter Kaiser (Hrsg.), *Partnerschaft und Paartherapie*, Göttingen: Hogrefe, 219-238.

Bogomolova, Svetlana (2010), „Life after death? Analyzing post-defection consumer brand equity," *Journal of Business Research*, 2010 (63), 1135–1141.

Bohannon, Paul (1970), „The Six Stations of Divorce," in: Paul Bohannon (Hrsg.), *Divorce and after*, New York: Doubleday, 33-62.

Bortz, Jürgen und Nicola Döring (2006), *Forschungsmethoden und Evaluation: für Human- und Sozialwissenschaftler* 4. überarb. Aufl., Berlin: Springer.

Bougie, Roger, Rik Pieters und Marcel Zeelenberg (2003), „Angry Customers don't Come Back, They Get Back: The Experience and Behavioral Implications of Anger and Dissatisfaction in Services," *Journal of the Academy of Marketing Science*, 31 (4), 377-393.

Bowlby, John (1969), *Attachment and Loss. Vol. 1: Attachment*, New York: Basic Books.

---- (1973), *Attachment and Loss. Vol. 2: Separation: Anxiety and Anger*, New York: Basic Books.

Brace, Nicola, Richard Kemp und Rosemary Snelgar (2003), *SPSS for Psychologists*, New York: Palgrave Macmillan.

Brehm, Sharon S., Rowland S. Miller, Daniel Perlman und Susan Campbell (2002), *Intimate Relationships*, 3. Aufl., New York: McGraw-Hill.

Breivik, Einar und Helge Thorbjornsen (2008), „Consumer Brand Relationships: An Investigation of Two Alternative Models," *Journal of the Academy of Marketing Science*, 36 (4), 443-472.

Bruhn, Manfred (2001), *Relationship Marketing: Das Management von Kundenbeziehungen*, München: Vahlen.

---- (2008), *Relationship Marketing: Das Management von Kundenbeziehungen*, 2. überarbeitete Aufl., München: Vahlen.

Bruhn, Manfred, Thorsten Hennig-Thurau und Karsten Hadwich (2004), „Markenführung und Relationship Marketing," in: Manfred Bruhn (Hrsg.), *Handbuch Markenführung: Kompendium zum erfolgreichen Markenmanagement. Strategien - Instrumente - Erfahrungen*, 2. überarb. u. erw. Aufl., Band 1, Wiesbaden: Gabler, 390-420.

Bruhn, Manfred und Christian Homburg (2007), „Kundenbindungsmanagement - Eine Einführung in die theoretischen und praktischen Problemstellungen," in: Manfred Bruhn und Christian Homburg (Hrsg.), *Handbuch Kundenbindungsmanagement: Strategien und Instrumente für ein erfolgreiches CRM*, Wiesbaden: Gabler, 3-40.

Bruhn, Manfred und Silke Michalski (2003), „Analyse von Kundenabwanderungen - Forschungsstand, Erklärungsansätze, Implikationen," *Zeitschrift für betriebswirtschaftliche Forschung (zfbf)*, 55 (August), 431-454.

Burmann, Christoph, Lars Blinda und Axel Nitschke (2003), "Konzeptionelle Grundlagen des identitätsbasierten Markenmanagements," in: Arbeitspapier Nr. 1 des Lehrstuhls für innovatives Markenmanagement (LiM), Burmann, Christoph (Hrsg.), Universität Bremen, Bremen.

Burmann, Christoph, Heribert Meffert und Martin Koers (2005), „Stellenwert und Gegenstand des Markenmanagements," in: Heribert Meffert und Christoph Burmann und Martin Koers (Hrsg.), *Markenmanagement: Identitätsorientierte Markenführung und praktische Umsetzung.*, 2. vollst. überarb. u. erw. Aufl., Wiesbaden: Gabler, 3-18.

Busboom, Amy L., Dawn M. Collins, Michelle D. Givertz und Lauren A. Levin (2002), „Can we still be friends? Resources and barriers to friendship quality after romantic relationship dissolution," *Personal Relationships*, 9, 215-223.

Calinski, Tadeusz und Jutman Harabasz (1974), „A Dendrite Method for Cluster Analysis," *Communications in Statistics – Theory and Methods*, 3 (1), 1-27.

Carbonne, June R. (1994), „A feminist perspective on divorce," *The Future of Children*, 4, 183-209.

Carr, Alan (2004), *The Handbook of Child and Adolescent Clinical Psychology: A Contextual Approach*, New York: Routledge.

Chang, Pao-Long und Ming-Hua Chieng (2006), „Building Consumer-Brand Relationship: A Cross-Cultural Experiential View,“ *Psychology & Marketing*, 23 (11), 927-959.

Charmaz, Kathy (2005), „Grounded Theory in the 21st Century,“ in: Norman K. Denzin und Yvonna S. Lincoln (Hrsg.), *The Sage Handbook of Qualitative Research*, 3. Aufl., Thousand Oaks: Sage, 507-534.

Clarke-Stewart, Alison und Cornelia Brentano (2006), *Divorce: Causes and Consequences*, New Haven: Yale University Press.

Coleman, Marilyn, Lawrence Ganong und Kim Leon (2006), „Divorce and Postdivorce Relationships,“ in: Daniel Perlman und Anita L. Vangelisti (Hrsg.), *The Cambridge Handbook of Personal Relationships*, Hillsdale: Erlbaum, 157-173.

Compas, Bruce E., Jennifer K. Connor-Smith, Heidi Saltzman, Alexandria Harding Thomsen und Martha E. Wadsworth (2001), „Coping with Stress During Childhood and Adolescence: Problems, Progress, and Potential in Theory and Research,“ *Psychological Bulletin*, 127 (1), 87-127.

Corbin, Juliet und Anselm Strauss (1990), „Grounded Theory Research: Procedures, Canons, and Evaluative Criteria,“ *Qualitative Sociology*, 13 (1), 3-21.

Coulter, Robin A. und Mark Ligas (2000), „The Long Good-Bye: The Dissolution of Customer-Service Provider Relationships,“ *Psychology & Marketing*, 17 (8), 669-695.

Cox, David R. (1970), *Analysis of Binary Data*, London: Methuen.

Creswell, John W. (2003), *Research Design: Qualitative, Quantitative, and Mixed Methods Approaches*, Thousand Oaks: Sage.

Creswell, John W. und Vicki L. Plano Clark (2007), *Designing and Conducting Mixed Methods Research*, Thousand Oaks: Sage.

Curasi, Carolyn F. und Kennedy, Karen N. (2002), „From Prisoners to Apostles: A Typology of repeat Buyers and loyal Customers in Service Business," *Journal of Services Marketing*, 16 (4), S. 322-341.

Dahl, Darren W. und C. Page Moreau (2007), „Thinking Inside the Box: Why Consumers Enjoy Constrained Creative Experiences," *Journal of Marketing Research*, 44 (3), 357-369.

Dant, Rajiv P. und Gregory T. Gundlach (1998), „The Challenge of Autonomy and Dependence in Franchised Channels of Distribution," *Journal of Business Venturing*, 14, 35-67.

De Wulf, Kristof, Odekerken-Schröder, Gaby und Dawn Iacobucci (2001), "Investments in Consumer Relationships: A Cross-Country and Cross-Industry Exploration," *Journal of Marketing*, 65 (4), 33-50.

Denzin, Norman K. (1990), „Review Essay: Writing the Interpretive, Postmodern Ethnography," *Journal of Contemporary Ethnography*, 19 (2), 231-236.

Denzin, Norman K. und Katherine E. Ryan (2007), „Qualitative Methodology (Including Focus Groups)," in: William Outhwaite und Stephen P. Turner (Hrsg.), *The Sage Handbook of Social Science Methodology*, 3. Aufl., London: Sage, 578-594.

Didow, Nicholas M., William D. Perreault Jr. und Nicholas C. Williamson (1983), „A Cross-Sectional Optimal Scaling Analysis of the Index of Consumer Sentiment," *Journal of Consumer Research*, 10 (3), 339-347.

Didow, Nicholas M., Kevin L. Keller, Hiram C. Barksdale Jr. und George R. Franke (1985), „Improving Measure Quality by Alternating Least Squares Optimal Scaling," *Journal of Marketing Research*, 22 (1), 30-40.

Diekmann, Andreas (2007), *Empirische Sozialforschung: Grundlagen, Methoden, Anwendungen*, Reinbek bei Hamburg: Rowohlt.

Dillon, William R., Thomas J. Madden, Amna Kirmani und Soumen Mukherjee (2001), „Understanding What's in a Brand Rating: A Model for Assessing Brand and Attribute Effects and Their Relationship to Brand Equity," *Journal of Marketing Research*, 38 (4), 415-429.

Donnevert, Tobias (2009), *Markenrelevanz: Messung, Konsequenzen und Determinanten*, Wiesbaden: Gabler.

Dowling, Grahame (2002), „Customer Relationship Management: In B2C Markets, Often Less is More," *California Management Review*, 44 (3), 87-104.

Drigotas, Stephen M. und Caryl E. Rusbult (1992), „Should I Stay or Should I Go? A Dependence Model of Breakups," *Journal of Personality and Social Psychology*, 62 (1), 62-87.

Duck, Steve W. (1982), „A Topography of Relationship Disengagement and Dissolution," in: Steve W. Duck und Robin Gilmour (Hrsg.), *Personal Relationships 4: Dissolving Personal Relationships*, New York: Academic Press, 1-31.

Duda, Richard O. und Peter E. Hart (1973), *Pattern Classification and Scene Analysis*, New York: Wiley.

Duhachek, Adam (2005), „Coping: A Multidimensional, Hierarchical Framework of Responses to Stressful Consumption Episodes," *Journal of Consumer Research*, 32 (1), 41-53.

Dwyer, F. Robert, Paul H. Schurr und Sejo Oh (1987), „Developing Buyer-Seller Relationships,“ *Journal of Marketing*, 51 (2), 11-27.

Egri, Carolyn P. und Susan Herman (2000), „Leadership in the North American Environmental Sector: Values, Leadership Styles, and Contexts of Environmental Leaders and Their Organizations,“ *Academy of Management Journal*, 43 (4), 571-604.

Emery, Robert (1994), *Renegotiating Family Relationships: Divorce, Child Custody, and Mediation*, New York: Guilford Publications.

Escalas, Jennifer Edson und James R. Bettman (2005), „Self-Construal, Reference Groups, and Brand Meaning,“ *Journal of Consumer Research*, 32 (3), 378-389.

Esch, Franz- Rudolf, Andreas Wicke und Jan Eric Rempel (2005), „Herausforderungen und Aufgaben des Markenmanagements", in: Franz-Rudolf Esch (Hrsg), *Moderne Markenführung. Grundlagen, Innovative Ansätze, Praktische Umsetzung*, 4. vollst. überarb. u. erw. Aufl., Wiesbaden: Gabler Verlag.

Fajer, Mary T. und John W. Schouten (1995), „Breakdown and Dissolution of Person-Brand Relationships,“ *Advances in Consumer Research*, 22 (1), 663-667.

Fincham, Frank D. (2001), „Attributions in Close Relationships: From Balkanization to Integration,“ in: Garth J. Fletcher und Margaret S. Clark (Hrsg.), *Blackwell Handbook of Social Psychology: Interpersonal Processes*, Oxford: Blackwell, 3-31.

Fine, Mark A. und John H. Harvey (Hrsg.) (2006), *Handbook of divorce and relationship dissolution*, London: Lawrence Erlbaum Associates.

Fisher, Ronald. A. (1948), *Statistical methods for research workers, 10. Aufl., Edinburgh: Oliver & Boyd.*

Fitness, Julie (2001), „Betrayal, Rejection, Revenge, and Forgiveness: An Interpersonal Script Approach," in: Mark R. Leary (Hrsg.), *Interpersonal Rejecion*, New York: Oxford University Press.

Flick, Uwe (2000), *Qualitative Forschung. Theorie, Methoden, Anwendung in Psychologie und Sozialwissenschaften*, 5. Aufl., Reinbek bei Hamburg: Rowohlt.

---- (2004), *Qualitative Sozialforschung*, Reinbek: Rowohlt.

---- (2007), *Managing Quality in Qualitative Research*, Thousand Oaks: Sage.

Folkes, Valerie S. (1984), „Consumer Reactions to Product Failure: An Attributional Approach," *Journal of Consumer Research*, 10 (4), 398-409.

Folkman, Susan und Judith Tedlie Moskowitz (2004), „Coping: Pitfalls and Promise," *Annual Review of Psychology*, 55 (February), 745-774.

Foscht, Thomas, Thomas Angerer und Bernhard Swoboda (2007), „Mixed Methods," in: Renate Buber und Hartmut Holzmüller (Hrsg.), *Qualitative Marktforschung: Konzepte - Methoden - Analysen*, Wiesbaden: Gabler, 249-259.

Fournier, Susan (1998), „Consumers and Their Brands: Developing Relationship Theory in Consumer Research," *Journal of Consumer Research*, 24 (4), 343-373.

Frazier, Patricia A. und Stephen W. Cook (1993), „Correlates of Distress Following Heterosexual Relationship Dissolution," *Journal of Social and Personal Relationships*, 10 (1), 55-67.

Früh, Werner (2007), *Inhaltsanalyse: Theorie und Praxis*, 6., überarb. Aufl., Stuttgart: UTB.

Ganesh, Jaishankar, Mark J. Arnold und Kristy E. Reynolds (2000), „Understanding the Customer Base of Service Providers: An Examination of the Differences Between Switchers and Stayers,“ *Journal of Marketing*, 64 (3), 65-87.

Gelbrich, Katja (2010), „Anger, Frustration, and Helplessness After Service Failure: Coping Strategies and Effective Informational Support,“ *Journal of the Academy of Marketing Science*, 38 (5), 567-585.

Georgi, Dominik (2000), *Entwicklung von Kundenbeziehungen – Theoretische und empirische Analysen unter dynamischen Aspekten*, Wiesbaden: Gabler.

Gifi, Albert (1990), *Nonlinear Multivariate Analysis*, Chichester: Wiley.

Gilmore, George W. (1919), *Animism*, Boston: Marshall Jones Company.

Glaser, Barney (1978), *Theoretical Sensitivity*, Mill Valley: The Sociology Press.

Glaser, Barney und Anselm Strauss (1967), *The Discovery Of Grounded Theory: Strategies For Qualitative Research*, New York: Aldine de Gruyter.

Goulding, Christina (2000), „The Commodification of the Past, Postmodern Pastiche, and the Search for Authentic Experiences at Contemporary Heritage Attraction,“ *European Journal of Marketing*, 34 (7), 835-853.

---- (2005), „Grounded theory, Ethnography and Phenomenology,“ *European Journal of Marketing*, 39 (3/4), 294-308.

Gray, Janice D. und Roxanne C. Silver (1990), „Opposite Sides of the Same Coin: Former Spouses' Divergent Perspectives in Coping With Their Divorce,“ *Journal of Personality and Social Psychology*, 59 (6), 1180-1191.

Gregoire, Yany und Robert J. Fisher (2008), „Customer Betrayal and Retaliation: When Your Best Customers Become Your Worst Enemies," *Journal of the Academy of Marketing Science*, 36 (2), 247-261.

Grewal, Dhruv, Julie Baker, Michael Levy und Glenn B. Voss (2003), „The Effects of Wait Expectations and Store Atmosphere Evaluations on Patronage Intentions in Service-Intensive Retail Stores," *Journal of Retailing*, 79 (4), 259-268.

Griffin, Jill und Michael W. Lowenstein (2001), *Customer Winback: How to Recapture Lost Customers - And Keep Them Loyal*, San Francisco: Jossey-Bass.

Guttman, Louis (1941), „The Quantification of a Class of Attributes: A Theory and Method of Scale Construction," in: Paul Horst et al. (Hrsg.), *The Prediction of Personal Adjustment*, New York: Social Science Research Council, 319-348.

Halinen, Aino und Jaana Tähtinen (2002), „A Process Theory of Relationship," *International Journal of Service Industry Management*, 13 (2), 163-180.

Harvey, John, H. und Mark A. Fine (2006), „Social Construction of Accounts in the Process of Relationship Termination," in: Mark A. Fine und John Harvey, H. (Hrsg.), *Handbook of Divorce and Relationship Dissolution*, Mahwah: Erlbaum, 189-199.

Harvey, John H., Terry L. Orbuch und Ann L. Weber (1992), *Attributions, Accounts, and Close Relationships*, New York: Springer.

Hazan, Cindy und Phil R. Shaver (1992), „Broken Attachments: Relationship Loss From the Perspective of Attachment Theory " in: Terry L. Orbuch (Hrsg.), *Close Relationship Loss: Theoretical Approaches*, New York: Springer, 90-108.

Hemetsberger, Andrea, Christine M. T. Kittinger-Rosanelli und Sandra Friedmann (2009), „"Bye Bye Love"-Why Devoted Consumers Break Up With Their Brands,“ *Advances in Consumer Research*, 36, 430-437.

Henning-Thurau, Thorsten, Gwinner, Kevin P. und Gremler, Dwayne D. (2002), „Understanding Relationship Marketing Outcomes," *Journal of Service Research*, 4 (3), 230-47.

Hennig-Thurau, Thorsten und Ursula Hansen (2000), „Relationship Marketing - Some Reflections on the State-of-the-Art of the Relational Concept," in: Thorsten Hennig-Thurau und Ursula Hansen (Hrsg.), Relationship Marketing, Berlin: Springer, 3-27.

Herrmann, Andreas, Frank Huber und Christine Braunstein (2005), „Gestaltung der Markenpersönlichkeit mittels der "means-end"-Theorie,“ in: Franz-Rudolf Esch (Hrsg.), *Moderne Markenführung: Grundlagen. Innovative Ansätze. Praktische Umsetzungen*, 4. Aufl., Wiesbaden: Gabler, 177-208.

Hess, Ronald L., Shankar Ganesan und Noreen M. Klein (2007), „Interactional Service Failures in a Pseudorelationship: The Role of Organizational Attributions,“ *Journal of Retailing*, 83 (1), 79-95.

Hetherington, E. Mavis und John Kelly (2002), *For Better or For Worse Divorce Reconsidered*, New York: Norton.

Hinde, Robert A. (1997), „Relationships: A Dialectical perspective,“ Hove: Psychology Press

Hirji, Karim F., Cyrus R. Mehta und Nitin R. Patel (1987), „Computing Distributions for Exact Logistic Regression,“ *Journal of the American Statistical Association*, 82, 1110-1117.

Hoffman, Donna L. und Thomas P. Novak (1996), „Marketing in Hypermedia Computer-Mediated Environments: Conceptual Foundations,“ *Journal of Marketing*, 60 (3), 50-68.

Homburg, Christian, Wayne D. Hoyer und Ruth Maria Stock (2007), „How to get lost customers back?,“ *Journal of the Academy of Marketing Science*, 35 (4), 461-474.

Hunt, Shelby D. und Robert M. Morgan (1994), „Relationship Marketing in the Era of Network Competition,“ *Marketing Management*, 3 (1), 18-28.

Johnson, Allison R., Maggie Matear und Matthew Thomson (2011), „A Coal in the Heart: Self-Relevance as a Post-Exit Predictor of Consumer Anti-Brand Actions “ *Journal of Consumer Research*, 38 (June), ohne Seitenangabe.

Judd, Charles M. und Markus Brauer (1995), „Repetition and evaluative extremity,“ in: Richard E. Petty & Jon A. Krosnick (Hrsg.), *Attitude strength: Antecedents and consequences*, Hillsdale: Lawrence Erlbaum, 43-71.

Kayser, Karen (1993), *When Love Dies*, New York: Guilford.

Keaveney, Susan M. (1995), „Customer Switching Behavior in Service Industries: An Exploratory Study,“ *Journal of Marketing*, 59 (2), 71-82.

Keaveney, Susan M. und Madhavan Parthasarathy (2001), „Customer Switching Behavior in Online Services: An Exploratory Study of the Role of Selected Attitudinal, Behavioral, and Demographic Factors,“ *Journal of the Academy of Marketing Science*, 29 (4), 374-390.

Kelle, Udo und Christian Erzberger (2008), „Qualitative und quantitative Methoden: kein Gegensatz,“ in: Uwe Flick, Ernst von Kardorff und Ines Steinke (Hrsg.), *Qualitative Forschung: ein Handbuch*, 6. durchges. und aktualisierte Aufl., Reinbek: Rowohlt, 299-309.

Keller, Kevin L. (2002), *Strategic Brand Management*, 2. Aufl., Upper Saddle River: Prentice Hall.

Kelley, Harold H. (1983), „Analyzing Close Relationships," in: Harold Kelley et al. (Hrsg.), *Close Relationships*, New York: Freeman, 20-67.

King, Elizabeth N. und Thomas P. Ryan (2002), „A Preliminary Investigation of Maximum Likelihood Logistic Regression versus Exact Logistic Regression," *American Statistician*, 56 (3), 163.

Kirk, Jerome und Marc L. Miller (1986), *Reliability and Validity in Qualitative Research*, Beverly Hills: Sage.

Kitson, Gay C. und William M. Holmes (1992), *Portrait of a Divorce: Adjustment to Marital Breakdown*, New York: Guilford.

Kohler, Ulrich und Frauke Kreuter (2008), *Datenanalyse mit Stata: Allgemeine Konzepte der Datenanalyse und ihre praktische Anwendung*, 3. Aufl., München: Oldenbourg.

Kotler, Philip und Kevin Lane Keller (2009), *Marketing Management*, 13. Aufl., Upper Saddle River: Prentice Hall.

Kressmann, Frank, M. Joseph Sirgy, Andreas Herrmann, Frank Huber, Stephanie Huber und Dong-Jin Lee (2006), „Direct and Indirect Effects of Self-image Congruence on Brand Loyalty," *Journal of Business Research*, 59 (9), 955-964.

Kroeber-Riel, Werner und Franz-Rudolf Esch (2004), *Strategie und Technik der Werbung*, 5. Aufl., Stuttgart: Kohlhammer.

Kroeber-Riel, Werner und Peter Weinberg (2003), *Konsumentenverhalten*, 7. Aufl., München: Vahlen.

Kruskal, Joseph B. und Roger N. Shepard (1974), „A Nonmetric Variety of Linear Factor Analysis," *Psychometrika*, 39, 123-157.

Kuckartz, Udo (2007), „Computergestützte Analyse qualitativer Daten," in: Renate Buber und Hartmut Holzmüller (Hrsg.), *Qualitative Marktforschung: Konzepte - Methoden - Analysen*, Wiesbaden: Gabler, 715-730.

Kuß, Alfred (2007), *Marktforschung: Grundlagen der Datenerhebung und Datenanalyse*, Wiesbaden: Gabler.

Lamnek, Siegfried (2005), *Qualitative Sozialforschung*, 4. Aufl., Weinheim: Beltz.

Lasslop, Ingo (2005), „Identitätsorientierte Führung von Luxusmarken," in: Heribert Meffert, Christoph Burmann und Martin Koers (Hrsg.), *Markenmanagement: Identitätsorientierte Markenführung und praktische Umsetzung*, Wiesbaden: Gabler, 469-494.

Lazarus, Richard S. (1993), „From Psychological Stress to the Emotions: A History of Changing Outlooks," *Annual Review of Psychology*, 44, 1-21.

---- (1999), *Stress and Emotion: A New Synthesis*, New York: Springer.

Lazarus, Richard S. und Susan Folkman (1984), *Stress, appraisal, and coping*, New York: Springer.

Leary, Mark R., Erika J. Koch und Nancy R. Hechenbleikner (2001), „Emotional Responses to Interpersonal Rejection," in: Mark R. Leary (Hrsg.), *Interpersonal Rejection*, New York: Oxford University Press, 145-166.

Lee, Loren (1984), „Sequences in Separation: A Framework for Investigating Endings of the Personal (Romantic) Relationship," *Journal of Social and Personal Relationships*, 1, 49-73.

Lenz, Karl (2009), *Soziologie der Zweierbeziehung*, 4. Aufl., Wiesbaden: Westdeutscher Verlag.

Lincoln, Yvonna S. und Egon G. Guba (1985), *Naturalistic inquiry*, Beverly Hills: Sage.

Linting, Mariëlle, Jacqueline J. Meulman, Patrick J. F. Groenen und Anita J. van der Koojj (2007), „Nonlinear Principal Components Analysis: Introduction and Application," *Psychological Methods*, 12 (3), 336-358.

Lorenz, Bettina (2009), *Beziehungen zwischen Konsumenten und Marken: eine empirische Untersuchung von Markenbeziehungen*, Wiesbaden: Gabler.

Lueger (2007), „Grounded Theory," in: Renate Buber und Hartmut Holzmüller (Hrsg.), *Qualitative Marktforschung: Konzepte - Methoden - Analysen*, Wiesbaden: Gabler, 191-203.

Luo, Xueming (2009), „Quantifying the Long-Term Impact of Negative Word of Mouth on Cash Flows and Stock Prices," *Marketing Science*, 28 (1), 148-165.

Masheter, Carol (1991), „Postdivorce Relationships between Ex-Spouses: The Roles of Attachment and Interpersonal Conflict," *Journal of Marriage and the Family*, 53, 103-110.

---- (1997), „Healthy and Unhealthy Friendship and Hostility between Ex-Spouses," *Journal of Marriage and the Family*, 59, 463-475.

Masuda, Masahiro (2006), „Perspectives on Premarital Postdissolution Relationships: Account-Making of Friendships Between Former Romantic Partners," in: Mark A. Fine und John Harvey, H. (Hrsg.), *Handbook of Divorce and Relationship Dissolution*, Mahwah: Erlbaum, 113-132.

Maxham III, James G. und Richard G. Netemeyer (2002), „A Longitudinal Study of Complaining Customers' Evaluations of Multiple Service Failures and Recovery Efforts," *Journal of Marketing*, 66 (4), 57-71.

Mayring, Philip (2002), *Einführung in die qualitative Sozialforschung: Eine Anleitung zu qualitativem Denken*, 5. Aufl., Weinheim: Beltz.

McAlexander, James H. , John W. Schouten und Harold F. Koenig (2002), „Building Brand Community," *Journal of Marketing*, 66 (1), 38-54.

McColl-Kennedy, Janet R., Paul G. Patterson, Amy K. Smith und Michael K. Brady (2009), „Customer Rage Episodes: Emotions, Expressions and Behaviors," *Journal of Retailing*, 85 (2), 222-237.

Mead, George Herbert (1934), *Mind, self and society*, Chicago: University of Chicago Press.

Mearns, Jack (1991), „Coping With a Breakup: Negative Mood Regulation Expectancies and Expression Following the End of a Romantic Relationship," *Journal of Personality and Social Psychology*, 60 (2), 327-334.

Meffert, Heribert, Christoph Burmann und Manfred Kirchgeorg (2007), *Marketing: Grundlagen marktorientierter Unternehmensführung*, 10. Aufl., Wiesbaden: Gabler.

Mehta, Cyrus R. und Nitin R. Patel (1995), „Exact Logistic Regression: Theory and Examples," *Statistics in Medicine*, 14 (19), 2143-2160.

Menon, Kalyani und Laurette Dubé (2004), „Service Provider Responses to Anxious and Angry Customers: Different Challenges, Different Payoffs," *Journal of Retailing*, 80 (3), 229-237.

Meulman, Jacqueline J. und Willem J. Heiser (2005), *SPSS Categories 14.0 Manual*, Chicago: SPSS Inc.

Meulman, Jacqueline J., Anita J. Van der Kooij und Willem J. Heiser (2004), „Principal Components Analysis With Nonlinear Optimal Scaling Transformations for Ordinal and Nominal Data," in: David Kaplan (Hrsg.), *Handbook of Quantitative Methodology for the Social Sciences*, Thousand Oaks: Sage, 49-70.

Meyer, Wulf-Uwe, Rainer Reisenzein und Achim Schützwohl (2003), *Einführung in die Emotionspsychologie 3*, Bern: Huber.

Michalski, Silke (2004), „Types of Customer Relationship Ending Processes," *Journal of Marketing Management*, 20, 977-999.

Mick, David Glen und Susan Fournier (1998), „Paradoxes of Technology: Consumer Cognizance, Emotions, and Coping Strategies," *Journal of Consumer Research*, 25 (2), 123-143.

Miller, Dale (2001), „Disrespect and the Experience of Injustice," *Annual Review of Psychology*, 52, 527-553.

Milligan, Glenn W. und Martha C. Cooper (1985), „An Examination of Procedures for Determining the Number of Clusters in a Data Set," *Psychometrika*, 50 (2), 159-179.

Mook, Douglas G. (1983), „In Defense of External Invalidity," *American Psychologist*, 38 (4), 379-387.

Mooney, Linda A., David Knox und Caroline Schacht (2008), *Understanding Social Problems*, 6. Aufl., Belmont: Wadsworth.

Morgan, Robert M. und Shelby D. Hunt (1994), „The Commitment-Trust Theory of Relationship Marketing," *The Journal of Marketing*, 58 (3), 20-38.

Muniz Jr, Albert M. und Thomas C. O'Guinn (2001), „Brand Community," *Journal of Consumer Research*, 27 (4), 412-432.

Nishisato, Shizuhiko (2004), „Dual Scaling," in: David Kaplan (Hrsg.), *Handbook of Quantitative Methodology for the Social Sciences*, Thousand Oaks: Sage, 3-24.

Noble, Stephanie M. und Joanna Phillips (2004), „Relationship Hindrance: Why Would Consumers Not Want a Relationship With a Retailer?," *Journal of Retailing*, 80 (4), 289-303.

O'Malley, Lisa und Caroline Tynan (2001), „Reframing Relationship Marketing for Consumer Markets," *Interactive Marketing*, 2 (3), 240-246.

Orbuch, Terry L. (1992), „A Symbolic Interactionist Approach to the Study of Relationship Loss," in: Terry L. Orbuch (Hrsg.), *Close Relationship Loss: Theoretical Perspectives*, New York: Springer, 192-204.

---- (1997), „People's Accounts Count: The Sociology of Accounts," *Annual Review of Sociology*, 23 (1), 455-478.

Pan, Yue und George M. Zinkhan (2006), „Determinants of Retail Patronage: A Meta-Analytical Perspective," *Journal of Retailing*, 82 (3), 229-243.

Parment, Anders (2008), „Distribution strategies for volume and premium brands in highly competitive consumer markets," *Journal of Retailing*, 15 (4), 250-265.

Peelen, Ed (2005), *Customer Relationship Marketing*, Essex: Pearson Education Limited.

Perreault, William D. und Forrest W. Young (1980), „Alternating Least Squares Optimal Scaling: Analysis of Nonmetric Data in Marketing Research,“ *Journal of Marketing Research*, 17 (1), 1-13.

Perrin-Martinenq, Delphine (2004), „The Role of Brand Detachment on the Dissolution of the Relationship Between the Consumer and the Brand,“ *Journal of Marketing Management*, 20 (9/10), 1001-1023.

Ping, Robert und F. Robert Dwyer (1992), „A Preliminary Model of Relationship Termination in Marketing Channels,“ in: Gary L. Frazier (Hrsg.), *Advances in Distribution Channel Research*, Greenwich: JAI Press, 215-233.

Price, Linda L., Eric J. Arnould und Carolyn Folkman Curasi (2000), „Older Consumers' Disposition of Special Possessions,“ *Journal of Consumer Research*, 27 (2), 179-201.

Reichheld, Frederick E. (1995), *The Loyalty Effect*, Boston: The Free Press.

Richardson, Laurel (2000), „Writing: A method of inquiry,“ in: Norman K. Denzin und Yvonna S. Lincoln (Hrsg.), *Handbook of qualitative research*, 2. Aufl., Thousand Oaks, CA: Sage, 923-948.

Richins, Marsha (1983), „Negative Word-of-Mouth by Dissatisfied Consumers: A Pilot Study,“ *Journal of Marketing*, 47 (4), 68-78.

Ringberg, Torsten, Gaby Odekerken-Schröder und Glenn L. Christensen (2007), „A Cultural Models Approach to Service Recovery,“ *Journal of Marketing*, 71 (3), 194-214.

Rollie, Stephanie S. und Steve Duck (2006), „Divorce and Dissolution of Romantic Relationships: Stage Models and Their Limitations,“ in: Mark A. Fine und John H. Harvey (Hrsg.), *Handbook of Divorce And Relationship Dissolution*, New Jersey: Lawrence Erlbaum Associates.

Rubin, Irene und Herbert J. Rubin (2005), *Qualitative Interviewing: The Art of Hearing Data*, 2. Aufl., Thousand Oaks: Sage.

Rust, Roland T., Katherine N. Lemon und Valarie A. Zeithaml (2004), „Return on Marketing: Using Customer Equity to Focus Marketing Strategy.," *Journal of Marketing*, 68 (1), 109-127.

Sagstetter, Eva-Maria (1989), „Belastungssituationen und Bewältigungsformen emotionaler Probleme bei der Trennung und Scheidung vom Ehepartner," Regensburg: Dissertation.

Sattler, Henrik (2001), *Markenpolitik*, Stuttgart: Kohlhammer.

Schmidt, Stephan (2009), *Mundpropaganda als steuerbares Marketinginstrument*, Hamburg: Igel Verlag

Schrader, Ulf und Thorsten Hennig-Thurau (2009), „VHB-JOURQUAL2: Method, Results, and Implications of the German Academic Association for Business Research's Journal Ranking," *BuR - Business Research*, 2 (2), 180-204.

Schub von Bossiazky, Gerhard (1992), *Psychologische Marketingforschung*, München: Vahlen.

Schultz Kleine, Susan und Stacey Menzel Baker (2004), „An Integrative Review of Material Possession Attachment," *Academy of Marketing Science Review*, 1, 1-35.

Seetharaman, P. B. und Che Hai (2009), „Price Competition in Markets with Consumer Variety Seeking," *Marketing Science*, 28 (3), 516-525.

Seligman, Martin E. (1975), *Helplessness: On depression, development, and death*, San Francisco, CA: Freeman.

Sheth, Jagdish und Atul Parvatiyar (1995), "Relationship Marketing in Consumer Markets: Antecedents and Consequences," *Journal of the Academy of Marketing Science*, 23 (4), 255-271.

Sheth, Jagdish und Atul Parvatiyar (2000), *Handbook of Relationship Marketing*, Thousand Oaks: Sage.

Singh, Jagdip. (1990), „Voice, Exit, and Negative Word-of-Mouth Behaviors: An Investigation Across Three Service Categories," *Journal of the Academy of Marketing Science*, 18 (1), 1-15.

Skinner, Ellen A., Kathleen Edge, Jeffrey Altman und Hayley Sherwood (2003), „Searching for the structure of coping: a review and critique of category systems for classifying ways of coping," *Psychological Bulletin*, 129 (2), 216-269.

Smit, Edith, Fred Bronner und Maarten Tolboom (2007), „Brand Relationship Quality and Its Value for Personal Contact," *Journal of Business Research*, 60 (6), 627-633.

Smith, Amy K. und Ruth N. Bolton (2002), „The Effect of Customers' Emotional Responses to Service Failures on Their Recovery Effort Evaluations and Satisfaction Judgments," *Journal of the Academy of Marketing Science*, 30 (1), 5-23.

Sommer, Kristin L. (2001), „Coping with Rejection: Ego-Defensive Strategies, Self-Esteem, and Interpersonal Relationships," in: Mark R. Leary (Hrsg.), *Interpersonal Rejection*, New York: Oxford University Press, S.167-188.

Spanier, Graham B. und Robert F. Casto (1979), „Adjustment to Separation and Divorce," *Journal of divorce*, 2 (3), 241-253.

Spanier, Graham B. und Linda Thompson (1984), *Parting: The aftermath of separation and divorce*, Beverly Hills: Sage.

Spiggle, Susan (1994), „Analysis and Interpretation of Qualitative Data in Consumer Research," *Journal of Consumer Research*, 21 (3), 491-503.

Sprecher, Susan, Diane Felmlee, Sandra Metts, Beverly Fehr und Debra Vanni (1998), „Factors associated with distress following the breakup of a close relationship," *Journal of Social and Personal Relationships*, 15 (6), 791-809.

Stauss, Bernd (2000), „Perspektivenwandel. Vom Produkt-Lebenszyklus zum Kundenbeziehungs-Lebenszyklus," *Thexis*, 17 (2), 15-18.

---- (2006), „Grundlagen und Phasen der Kundenbeziehung: Der Kundenbeziehungs-Lebenszyklus," in: Hajo Hippner und Klaus D. Wilde (Hrsg.), *Grundlagen des CRM: Konzepte und Gestaltung*, 2. Aufl., Wiesbaden: Gabler, 420-442.

Stauss, Bernd und Christian Friege (1999), „Regaining Service Customers: Costs and Benefits of Regain Management.," *Journal of Service Research*, 1 (4), 347.

Steinke, Ines (1999), *Kriterien qualitativer Forschung. Ansätze zur Bewertung qualitativ-empirischer Sozialforschung*, Weinheim: Juventa.

---- (2007), „Die Güte qualitativer Marktforschung," in: Renate Buber und Hartmut Holzmüller (Hrsg.), *Qualitative Marktforschung: Konzepte - Methoden - Analysen*, Wiesbaden: Gabler, 263-280.

---- (2008), „Gütekriterien qualitativer Forschung," in: Uwe Flick und Ernst von Kardorff und Ines Steinke (Hrsg.), *Qualitative Forschung – Ein Handbuch*, 6. Aufl., Reinbek bei Hamburg: Rowohlt, 319-331.

Stern, Barbara B. (2006), „What Does Brand Mean? Historical-Analysis Method and Construct Definition,“ *Journal of the Academy of Marketing Science*, 34 (2), 216-223.

Stokes, Maura E., Charles S. Davis und Gary G. Koch (2000), *Categorical Data Analysis Using the SAS System*, Cary: SAS Institute.

Strauss, Anselm und Juliet Corbin (1990), *Basics Of Qualitative Research: Grounded Theory Procedures And Techniques*, Thousand Oaks: Sage.

Swaminathan, Vanitha, Karen L. Page und Zeynep Gürhan-Canli (2007), "‚My’ Brand or ‚Our’ Brand: The Effects of Brand Relationship Dimensions and Self-Construal on Brand Evaluations,“ Journal of Consumer Research, 34 (2), 248-259.

Tashakkori, Abbas und Charles Teddlie (Hrsg.) (2002), *Handbook of Mixed Methods in Social & Behavioral Research*, Thousand Oaks: Sage.

Tashiro, Ty und Patricia A. Frazier (2003), „"I'll never be in a relationship like that again": Personal growth following romantic relationship breakups,“ *Personal Relationships*, 10, 113-128.

Teachman, Jay D., Kathleen Paasch und Karen Carver (1996), „Social Capital and Dropping Out of School Early,“ *Journal of Marriage and the Family*, 58, 773-783.

Tein, Jenn-Yun, Irwin N. Sandler und Alex J. Zautra (2000), „Stressful life events, psychological distress, coping, and parenting of divorced mothers: A longitudinal study,“ *Journal of Family Psychology*, 14 (1), 27-41.

Thibaut, John W. und Harold H. Kelley (1959), *The Social Psychology of Groups*, New York: Wiley.

Thomas, Jaquelyn S., Robert C. Blattberg und Edward J. Fox (2004), „Recapturing Lost Customers," *Journal of Marketing Research*, 41 (1), 31-45.

Thomas, William I. und Florian Znaniecki (1927), *The Polish peasant in America*, New York: Knopf.

Thompson, Craig J., William B. Locander und Howard R. Pollio (1989), „Putting Consumer Experience Back into Consumer Research: The Philosophy and Method of Existential-Phenomenology," *Journal of Consumer Research*, 16 (2), 133-146.

Thompson, Suzanne C. (1981), „Will It Hurt Less If I Can Control It? A Complex Answer to a Simple Question," *Psychological Bulletin*, 1 (90), 89-101.

Thomson, Matthew, Deborah J. MacInnis und C. Whan Park (2005), „The Ties That Bind: Measuring the Strength of Consumers' Emotional Attachments to Brands," *Journal of Consumer Psychology*, 15 (1), 77-91.

Tritchler, David (1984), „An Algorithm for Exact Logistic Regression," *Journal of the American Statistical Association*, 79, 709-711.

Tschann, Jeanne M., Janet R. Johnston und Judith S. Wallerstein (1989), „Resources, Stressors, and Attachment as Predictors of Adult Adjustment After Divorce: A Longitudinal Study," *Journal of Marriage and the Family*, 51, 1033-1046.

Tynan, C. (1997), „A Review of the Marriage Analogy in Relationship Marketing," *Journal of Marketing Management*, 13, 695-703.

Vaughan, Diane (1988), *Wenn Liebe keine Zukunft mehr hat*, Reinbek bei Hamburg: Rowohlt.

Vershofen, Wilhelm (1959), *Die Marktentnahme als Kernstück der Wirtschaftsforschung*, Neuausgabe des ersten Bandes des Handbuchs der Verbrauchsforschung, Berlin: Heymann.

Wallendorf, Melanie und Eric J. Arnould (1988), „"My Favorite Things": A Cross-Cultural Inquiry into Object Attachment, Possessiveness, and Social Linkage," *Journal of Consumer Research*, 14 (4), 531-547.

Wallerstein, Judith S., Julia Lewis und Sandra Blakeslee (2000), *The Unexpected Legacy of Divorce: A 25 Year Landmark Study*, New York: Hyperion Books.

Wang, Hongyu und Paul R. Amato (2000), „Predictors of Divorce Adjustment: Stressors, Resources, and Definitions," *Journal of Marriage and Family*, 62 (3), 655-668.

Wangenheim, Florian v. (2005), „Postswitching Negative Word of Mouth," *Journal of Service Research*, 8 (1), 67-78.

Weis, Michaela und Frank Huber (2000), *Der Wert der Markenpersönlichkeit*, Wiesbaden: Deutscher Universitäts-Verlag.

Weiss, Robert S. (1975), *Marital Separation*, New York: Basic Books.

Weitzman, Eben A. (2000), „Software and Qualitative Research," in: Norman K. Denzin und Yvonna S. Lincoln (Hrsg.), *Handbook of Qualitative Research*, Thousand Oaks: Sage, 803-820.

Werneck, Harald (2004), „Auswirkung einer Scheidung auf Befindlichkeit und Persönlichkeitsentwicklung," in: Ulrike Zartler und Liselotte Wilk und Renate Kränzl-Nagl (Hrsg.), *Wenn Eltern sich trennen: wie Kinder, Frauen und Männer Scheidung erleben*, Frankfurt: Campus Verlag, 247-280.

Williams, Kipling D. und Lisa Zadro (2001), „Ostracism: On being ignored, excluded, and rejected," in: Mark R. Leary (Hrsg.), *Interpersonal Rejection*, New York: Oxford University Press, 21-53.

Xia, Lan, Kent B. Monroe und Jennifer L. Cox (2004), „The Price Is Unfair! A Conceptual Framework of Price Fairness Perceptions," *Journal of Marketing*, 68 (4), 1-15.

Yi, Sunghwan und Hans Baumgartner (2004), „Coping With Negative Emotions in Purchase-Related Situations," *Journal of Consumer Psychology*, 14 (3), 303-317.

Yim, Chi Kin, David K. Tse und Kimmy W. Chan (2008), "Strengthening Customer Loyalty Through Intimacy and Passion: Roles of Customer-Firm Affection and Customer- Staff Relationship in Services," *Joumal of Marketing Research*, 45 (6), 741-756.

Young, Forrest W., Jan de Leeuw und Yoshio Takane (1976), „Regression with qualitative and quantitative variables: An alternating least squares method with optimal scaling features.," *Psychometrika*, 41 (4), 505-529.

Zhang, Jing und Josée M. Bloemer (2008), „The Impact of Value Congruence on Consumer- Service Brand Relationships," Journal of Service Research, 11 (2), 161- 178.